OPEN HORIZON
大视野
原创科普馆

大科学家讲科学

U0325053

王文清 著

先有鸡还是先有蛋

—— 著名科学家谈生命起源

CTS 湖南少年儿童出版社
HUNAN JUVENILE & CHILDREN'S PUBLISHING HOUSE

图书在版编目（CIP）数据

先有鸡还是先有蛋：著名科学家谈生命起源 / 王文清著. —长沙：湖南少年儿童出版社，2017.8（2020.1重印）

（大科学家讲科学）

ISBN 978-7-5562-3328-1

Ⅰ.①先… Ⅱ.①王… Ⅲ.①生命起源－少儿读物Ⅳ.①Q10-49

中国版本图书馆CIP数据核字(2017)第132200号

CNS PUBLISHING & MEDIA 中南出版传媒

大科学家讲科学·先有鸡还是先有蛋

DAKEXUEJIA JIANG KEXUE · XIAN YOU JI HAISHI XIAN YOU DAN

特约策划：罗紫初　方　卿
策划编辑：周　霞
责任编辑：钟小艳
版权统筹：万　伦
封面设计：风格八号　李星昱
版式排版：百愚文化　张　怡　朱振婵
质量总监：阳　梅

出 版 人：胡　坚
出版发行：湖南少年儿童出版社
地　　址：湖南省长沙市晚报大道89号　　　**邮　　编**：410016
电　　话：0731-82196340 82196334（销售部）
　　　　　　0731-82196313（总编室）
传　　真：0731-82199308（销售部）
　　　　　　0731-82196330（综合管理部）

经　　销：新华书店
常年法律顾问：北京市长安律师事务所长沙分所　张晓军律师
印　　刷：长沙新湘诚印刷有限公司
开　　本：710 mm×1000 mm　1/16
印　　张：10
版　　次：2017年8月第1版
印　　次：2020年1月第4次印刷
定　　价：28.00元

目录

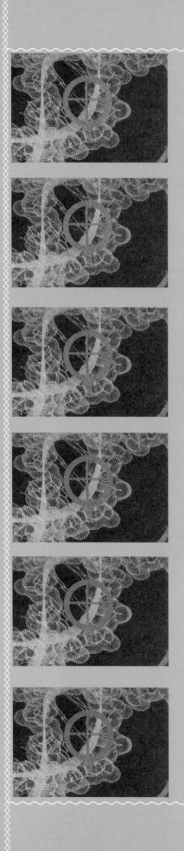

一、生命从哪里来？

在生命和生命活动闪耀着光芒、欣欣向荣的世界里，一切都是那么奇妙，可迄今为止，生命从何而来？它是如何起源的？它又是怎样进化的？这些仍然是还没有完全解开的谜。

（一）关于生命起源的两种理论

对于生命起源的问题，自古以来有本质上完全不同的两种理论。

1. 特殊创造论、自然发生论、泛孢子理论

特殊创造论是指在宇宙历史的某一特殊时刻，由上帝创造出生命。这种学说曾一度占统治地位，但不被科学家所接受。自然发生论认为生命可以从非生命物质中自然产生。例如蛙可以从泥中长出，蛆虫可以从腐肉中生出。这一理论是由于实验观察错误，经不起科学的批评。泛孢子理论提出生命的胚芽来自地外空间，然后生长发育。但是由于微生物附着于陨石，显然不可能活着到达地球，因为它们会被紫外线杀死或因空间真空而死亡。泛孢子理论最多只能说明生命存在于宇宙空间的某颗特殊的行星里，但仍未能解答宇宙中生命起源的问题。

2. 化学进化学说

1871 年，达尔文首先设想生命是怎样起源的，他提出："在一个存在着各种状态的氨和磷酸盐的温暖小池中，在光、热、电存在的条件下，某种蛋白质化合物形成了，并进行着更复杂的变化。"1924 年，苏联的生物化学家奥巴林提出，生命是长期进化的结果。1928 年，英国的霍尔丹提出："当紫外线作用于水、二氧化碳和氨的混合物时，形成多种有机物，包括糖类。其中有些物质可以构成蛋白质，在原始海洋成为一个热的稀汤之前，它们早已聚集。"1947 年，贝尔纳提出，在有机物丰富的原始海洋里，各种不同的活动过程可以把有机物结合起来，并描述了使小分子聚集产生生命大分子的方式和方法。上述学者的思想奠定了化学进化实验的基础。

（二）探索生命起源的第一步

生命从哪里来？地球上第一个生命体是怎样诞生的？

自从上帝造人、造物的神话破灭后，在生命起源问题上有两大学派：一派认为生命是从外星球移植到地球上来的；另一派认为生命是地球自身的产物。

美国的尤里主张生命源自地球本身，他与学生米勒设计模拟了原始大气，研究在自然条件下能否产生与生命有关的物质。米勒以甲烷、氨气、氢气和水蒸气组成强还原性气体，通过火花放电模拟雷电闪击，通过一个星期的放电，向气体提供能量 $6.27 \times 10^3\,kJ \sim 6.27 \times 10^4\,kJ$。在一次典型实验中，由 950 mg 甲烷产生了约 200 mg 的氨基酸，而氨基酸是构成生命蛋白质的成分。

1961 年，西班牙生物化学家奥罗，把氰化氢和甲醛加入到原始大气中，实验结果除氨基酸外，还得到了腺嘌呤、核糖和脱氧核糖，得到了构成生命核酸的成分。

核糖核酸（RNA）和脱氧核糖核酸（DNA）都是磷酸酯类，结构中的磷是从哪里来的呢？1982 年，我根据近代行星化学的研究，探测到三氢化磷（PH_3）存在于木星和土星的大气层中，在模拟原始大气中引入了 PH_3，进行了甲烷、氮、三氢化磷、氨、水蒸气的火花放电，并与不含三氢化磷的上述体系气相放电做了对照。实验结果用气相色谱鉴定出含 PH_3 体系放电后产生 19 种氨基酸，而无 PH_3 体系在相同放电条件下，只产生 6 种氨基酸。这个实验发现了 PH_3 在气相放电反应中的催化作用，被美、日杂志引用作为生命起源的第一步，是火花放电产生氨基酸的一个重要进展。

美国加州大学海洋生物学家巴达提出一个论点：亿万年前地球上的第一线生机孕育在厚冰层之下。巴达说，数

■ 图1 1982年，我国化学家王文清模拟原始大气引入三氧化磷，鉴定出19种氨基酸

十亿年前混沌初开，地球表面覆盖着冰层，但地球核心是炽热的，辐射出的热量是今天的5倍，因此远古海洋底部仍是液态水，冰下海水是原始生命的温床。冰层起屏蔽保护作用，使海水中有机分子不断积累，变得愈来愈浓。当小天体撞在地球上时，产生的热量使厚冰层融化成一个大洞，使水中的有机分子与大气接触，形成更复杂的分子，不久冰层又冻结，这些新分子又被封存。冰层每次解冻都使"浓汤"里的氨基酸、碱基更丰富，直至生命诞生。

（三）生命起源于何时？

约翰·霍根说："科学家们正在对地球上何时、何处以及怎样出现第一次生命做出艰难的决定。"根据肖夫测定细菌微化石得到的证据，生命起源时间为 3.46×10^9 年前。这一证据包括来自澳大利亚和南非两地的两组化石，通过放射性衰变确定年龄。一组化石是由叠层石的块状绿褐色岩石组成，另一组化石表现出蓝绿藻的一系列细胞印迹。肖夫认为这种古老生物像蓝细菌，可能有光合能力并吐出氧气。德国马克思普朗克研究所的西道夫斯基认为，他发现了光合微生物更早存在的证据，时间为 3.8×10^9 年前。他的地质证据是格陵兰伊苏亚的部分熔融沉积岩。1996 年 7 月，在法国奥尔良大学召开的第 11 届国际生命起源大会上，默雪斯测定西南格陵兰的亚开里亚岩石得出生命起源时间为 3.87×10^9 年前。牛津大学的磨巴斯测定西格陵兰的伊苏亚岩石得出生命起源的时间为 3.77×10^9 年前。他们将生命起源于地球的年代推前了约 4×10^8 年。肖夫认为他们测定的 12C/13C 值的准确度有待验证。

若生命确是起源于 3.8×10^9 年前，则地球诞生于 4.5×10^9 年前。在此期间彗星、行星以及直径大于几千千米的陨石挤满于早期的太阳系，将与地球发生重撞击。迪马拉斯说："生命起源于撞击结束的很短时期，并且它是在撞击后存活下来的。"

二、生命起源于地球还是宇宙？

地球上的生命产生以前，宇宙间是否出现过生命？地球上总质量的 98% 是由碳、氢、氧、氮、磷和硫 6 种元素组成的，而这些元素是伴随宇宙演化产生的。有一个观点认为宇宙起始于 150±30 亿年前的一次突发性事件——大爆炸，宇宙始于一个比质子还小的、密度和温度极高的小火球。

（一）生命起源于宇宙

1907 年，阿累尼乌斯提出，微生物从空间飘到地上，播下地球上生命的种子。1971 年 9 月，克里克在地外文明通信会议上说，地球上的生命可能起源于宇宙高级文明，是用无人飞船送到地球上的微生物。有两个事实支持这个理论：一是遗传密码的一致性，表明生命进化中曾在某个阶段越过了一个小种群的环节；另一个是宇宙年龄可能是地球年龄的两倍多，所以生命有足够长时间，第二次从简单的起点进化到高度复杂的文明。克里克用定向生源说表示，某种高级生命有意识地用某种方法把微生物发送到地球上来。

人们发现，地球上的生命都是以碳为骨架组成的。碳原子具有异乎寻常的灵活性，它能成为生命体中像核糖核酸（RNA）和脱氧核糖核酸（DNA）那样的螺旋分子的基础。碳的存在不仅依赖于宇宙年龄的大小，而且还依赖于决定原子核能级的自然常数间的巧合。

当恒星中的核反应将具有两个中子和两个质子的氦与另一氦结合成铍时，只要再加一个氦就可形成碳。

氦核 + 氦核 = 铍核

铍核 + 氦核 = 碳核

碳核 + 氦核 = 氧核

但是要在宇宙中产生足够多的碳，上面的核反应显得太慢。1952 年霍伊尔就预言，碳核必有一个能级，位置略高于氦核和铍核的能量和，造成了特别迅速的反应，因为恒星中相结合的两种粒子能量造成了共振态。后来核物理学家发现，这个能级正好处于他预言的位置。

碳产生后，还会和另一氦核生成氧，但这个反应不是共振的，氧的能级比碳加氦刚好低一点。自然常数就差这么一点，使得碳刚好留存下来，成为形成生命的元素基础。

（二）宇宙中的有机物

20 世纪 70 年代以来星际多炔分子的研究，导致 C_{60} 分子的发现。1985 年，克罗托利用激光照射使石墨气化，制得了含 60 个碳原子的稳定化合物。C_{60} 的研究为当代化学开拓了一个新领域，也为星际聚链烃、环烃提供了确定数据。宇宙物质中复杂有机分子和构成生命基础分子的搜索，是地球外生命探索的一个重要目标。火星上有机物是否存在，决定着火星上是否存在过生命。土卫六是研究地外生命的重要目标之一，类木行星大气有机物的观测，是研究太阳系起源、演化以及了解这些行星的重要途径。

古生物地质学提供的证据表明，地壳刚形成时，生命就出现了，生命似乎出现得太快，给地球上的化学进化留下的时间太短。之前发现宇宙星际物质中存在大量的生物单分子化合物。有观点认为，前生物的化学物质来源于宇宙空间；地球上的生命起源不是从水、二氧化碳、氨等无机分子开始的，而是来自宇宙空间的生物分子。

有人认为含有生物分子的星际尘埃颗粒，是在地球形成的凝聚阶段后期，由彗星带到地球上的。地球形成早期，曾遭受彗星大规模的撞击，彗星尾部把大量的有机分子撒到地球上。据认为，在地球形成的前 50 亿年内，有几十亿吨的星际尘埃参与了地球的凝聚，并从宇宙空间带来了大量的有机物。从地球大气圈上层收集到的宇宙空间颗粒分析结果表明，由于大气圈的制动作用，细小的颗粒没有剧烈升温，其所携带的有机物没被破坏。

三、生命是否存在于地球的近邻？

（一）八大行星的物理化学特征

八个行星虽然同起源于太阳星云并同属太阳系，但它们在物质组成、结构、表面状态、热历史、大气圈等一系列物理、化学特征上差异很大。造成这种差异的最主要的因素有两个：一是它们与太阳之间的距离；二是它们的体积与质量。

（1）水星：体积和质量最小的行星。水星表面类似月球，布满了无数的圆形坑。其岩石圈厚达 $500\,km \sim 700\,km$。在它形成 20 亿年后几乎没有大的构造岩浆活动，

■ 图 2　太阳系里的重要行星

其表面很早就固结，没有大气圈，表面温度极高，达327℃～427℃，不可能有生命存在。

（2）金星：金星的体积、质量、密度及重力场与地球最相近，岩石圈厚约100km，构造岩浆活动与地球相似。它具有浓密的酸性大气圈，主要由CO_2（97%）和N_2（2%）组成，含少量的水蒸气（<1%）及氧（<0.1%），大气压达10100kPa。由于大气CO_2的温室效应，其表面温度高达377℃～427℃，生命存在的可能性很小。

（3）火星：体积和质量比地球小若干倍。火星表面除圆形坑外还有火山地形，地表有风蚀的痕迹，有大的构造断层、峡谷和"河"（可能是熔岩流），有"极冠"，"极冠"随季节而伸缩，"极冠"的温度为-123℃，是固体CO_2（干冰）组成的。火星上可能有一定数量的水，地表还有冰川剥蚀和沉积的现象。其大气圈稀薄，大约0.505kPa至0.707kPa，含CO_2（95%）、He（3%）、Ar（1%～2%）及其他成分（O_2、N_2、O等），是酸性大气圈，表面温度为-70℃～22℃，有生命存在的可能。

（4）木星：体积和质量最大的恒星。木星呈流体状，无固结的表面。其表面有平行条纹和所谓"红斑"，横纹是由于在快速自转的情况下造成的气体物质的流动，"红斑"则是由湍流造成的。木星的大气有还原性，其主要成

分是 H_2 和 He，大气压为 $1.01kPa\sim50kPa$，表面温度低，大约为-143℃。木星的物质组成类似于太阳系的原始成分，可以说是太阳系的"活化石"，除了氢、氦以外，还有甲烷、氨和简单的碳与氮的化合物以及水等。不可能存在生命。

（5）土星：土星的物质组成类似木星，无壳、幔结构。大气圈由 H_2、He、NH_3 及少量 CH_4 组成，气压为 $1.01kPa$ 至 $50kPa$，表面温度低，大约为-148℃，不可能存在生命。

（6）天王星、海王星：它们是远离太阳的主要由气体物质构成的、冷的、死的行星，表面温度为-223℃～-203℃，不可能存在生命。

太阳系的八大行星，可以分成两圈，位于内圈的由里向外为水星、金星、地球和火星，它们的体积较小，比重较大，主要由非挥发性耐熔物质组成，称为类地行星。位于外圈的依次是木星、土星、天王星、海王星。它们的体积较大，比重较小，温度较低，主要由氢、氦、氖等气体及冻结的水、氨、甲烷包裹的尘埃颗粒组成。

（二）火星最可能有生命

火星（Mars）的英文意思为罗马战神。火星表面为暗红色，在夜空中是居月球和金星之后第三颗最亮的星体。其直径约 6747km，约为地球直径的 1/2，月球直径的 2 倍，重量为地球的 38%。火星上没有磁场。火星环绕地球一周需用 687 个地球日，而自转一周需用 24 小时 37 分钟。火星上的大气主要为二氧化碳，并伴有少量的氢气和氩气。

火星的表面平均温度为 -42.6℃，在近日点时，赤道中午温度为 -21.3℃，极地夜间温度为 -102.6℃。火星有两个"月亮"，各为数千米宽，一个名叫"福波斯"（Phobos），另一个名为"迪莫斯"（Deimos）。一个世纪前，吉奥万尼·辛亚派瑞利和坡西维尔·罗维尔曾看到火星上有"运河"。20 世纪 70 年代的"海盗号"飞船发现，火星上的"运河"是古代河床的痕迹。

"火星探路者"号的登陆地点在阿雷斯·瓦利思（Ares Vallis），在古代洪水水道口处，1976 年第一艘太空船"海盗 1 号"的登陆点在其东南 840km 处。阿雷斯·瓦利思有各种不同的岩石，这些岩石是被古时发生的洪水从高地冲刷而来的。科学家认为，洪水发生在数百万年前，其水量相当于大湖地区所有的水在两周内全部倾泻到阿雷斯·瓦利思地区。

在八大行星中，火星上最可能存在生命，其证据如下：

（1）火星上存在过水？

美国"火星探路者"号飞船发回的照片表明，在该飞船着陆的火星阿瑞斯平原几十亿年前曾发生过大洪水。从这些照片上可以清楚地看到因受强大的洪流冲击而堆积起来的鹅卵石和岩石上留下的清晰的水痕。洪水到底是什么时候发生的还有待进一步分析，据参与"火星探路者"号研究项目的科学家迈克尔·马林估计，洪水发生的时间可能在 30 亿年前至 10 亿年前。

美国"海盗 1 号"飞船 1976 年曾在火星上着陆，科学家从那时起就知道火星上曾经发生过特大洪水。但是，"火星探路者"号发回的照片是当时有关火星上曾经发生过洪水的最有力的证据。

马林说，洪水淹没的地区相当于地中海的面积，其宽度有数百千米，洪水流量高达 $10^6 \mathrm{m}^3/\mathrm{s}$。岩石上的水痕是由洪流中的盐类和泥沙所造成的。

"火星探路者"号的新发现的重要意义在于，如果火星上曾经存在过液态的水，这就意味着火星上可能有生命。但火星表面的温度很低，白天最高温度为 -12 ℃，夜晚降到 -76 ℃。为此，参与该项目研究的另一位科学家马修·格罗姆贝克指出，"火星探路者"号的发现向人们提出了这样一个问题：远古时期的火星是否更温暖、更湿润？有些科学家还说，单有洪流存在不能说明火星上有过生命，关键是要在火星上找到静止的水曾经存在的证据。

科学家认为，火星上是否存在过生命是一个大问题，只研究火星地表是回答不了这个问题的，必须通过收集火星岩石标本，并在地球上的实验室进行分析才行。

（2）火星可能存在壳体和铁质核心？

美国航空航天局喷气推进器实验室在 1997 年 10 月 8 日宣布，"火星探路者"号探测器传回地球的数据表明，火星极有可能像地球具有地壳和地核一样，也存在壳体和铁质核心。

火星诞生至今已有 40 亿年的历史了，一些天文学家曾将其视作类似于月球，是一个毫无生气的巨大石球。然而在火星上执行探测任务的"探路者"则通过分析比较火星绕轴自转时的无线电信号，得出了与此相反的观点：火星可能存在壳体。这意味着火星内部一定拥有足够强的可使原始物质得以加热熔融的热源，并给予火星气候曾温暖、湿润，适于生物演化的学说以强有力的支持。

在太阳系中，具有熔融状态星核的行星并不多见，现仅探明地球、水星和木卫三存在此种类型的核心，而该核内熔融金属的运动往往使星体产生强大的磁场。喷气推进器实验室的威廉·福克纳表示，虽然目前科学家尚无法确定火星的铁质核心是固态物质还是像地球那样为液态熔融的铁，但从掌握的情况来看，该铁核体积较小，半径介于 1300km 和 2000km 之间。

美国航空航天局通过"火星探路者"号探测器已经获取了许多有关火星的最新知识，其中包括火星部分地区曾遭洪水侵袭，火星上存在大量的受到水流冲刷形成的浑圆石头以及火星上亦有尘土，其颗粒大小约 1mm，可形成长 2.5m、高 30cm 的沙丘等。

人类探测火星的历程，已有的记录：

1962 年，苏联火星 1 号探测器飞越火星的尝试失败。

1965 年，美国水手 4 号探测器飞越火星，拍摄了 21 张照片。

1965 年，苏联发射探测器 2 号，探测情况未公布。

1969 年，美国水手 4 号探测器发回 75 张照片。

1969 年，美国水手 7 号探测器发回 126 张照片。

1971 年，苏联火星 2 号探测器在火星着陆，探测情况未公布。

1971 年，苏联火星 3 号探测器在火星着陆，发回照片。

1972 年，美国水手 9 号探测器沿着火星轨道飞行，发回 7329 张照片。

1974 年，苏联火星 5 号探测器沿着火星轨道飞行了数天。

1974 年，苏联火星 6 号和 7 号探测器在火星着陆，探测结果未公布。

1976 年，美国海盗 1 号和 2 号探测器在火星着陆，发回了 5 万多张照片和大量的探测数据。

1989 年，苏联福波斯 1 号和 2 号探测器在前往火星途中失踪。

1993 年，美国火星观察者在预定到达火星轨道之前失踪。

1996 年，俄罗斯火星 -96 航天器发射失败。

1997 年，美国火星探路者号探测器在火星着陆。

1997 年，美国环火星探测器前往火星。

2009 年，美国凤凰号火星探测器的一个支架上发现咸水。

2011 年，美国"好奇号"火星车发射升空。

火星是否有过生命仍无定论，自 1996 年 8 月宣布有证据表明一块来自火星的陨石可能含有火星早期生命之后，科学家对那块岩石进行了极其精细的切割、电击和拍照，并进行了几十次化学、生物学和磁性化验。在消息宣布数月后举行的第一次大规模行星科学家会议上，最先报道火星上可能存在过生命的人们更加坚信他们是正确的。他们说，新近发表的研究成果表明，形成火星岩石某些特征的温度可能很低，或许低于水的沸点，足以使生物生存。此外，这些特征的大小和其他特点也与已经知道的那些含有生物起源的地球岩石相似。在约翰逊航天中心被称为"生命派"领袖的埃弗里特·吉布森说:"我们现在比去年8月更加坚信我们提出的假说是正确的。"但是其他的研究人员说,那些证据说明那块岩石所经受的温度非常高,根本不允许生命存在。他们还发现了一些瑕点和化学痕迹,他们认为这些都不符合生物进化过程。约翰逊航天中心行星科学部主任道格拉斯·布兰查德博士说:"火星上是否存在过生命,对这个问题得出最后的结论还为时太早。我们仍处于发现时期。"人们所讨论的那块岩石名为ALH84001,是在1.3万年前落在南极的一块重1.81千克、形状像马铃薯的岩石,地质学家在20世纪80年代发现了它。ALH84001是45亿年前在火星地壳中形成的,随后裸露出表面,大约在1300万年前,由于一颗小行星的撞击而飞入太空。化学分析结果使科学家们相信,ALH84001肯定是来自火星,科学家们也仅是对这一点达成了一致的看法。争论的焦点是围绕ALH84001深处的碳水化合物。碳水化合物中含有磁铁矿物和硫化铁,但并非一定是由微生物产生的。以约翰·布拉德利为首的研究小组报告说,他们发现了一些结构特征,其中包括晶须状痕迹。他们说,这些特征趋向于表明,那些碳水化合物是在极高的温度下形成的,排除了生物起源的可能性。洛克希德·马丁公司的凯西·凯普塔博士说，多次研究这些碳水化合物也未能看到那些痕迹，这表明：至少有一些碳水化合物是与生命有联系的。我们所看到的可能是不同时代的碳水化合物。在 19 世纪末，还没有对 ALH84001 进行可能具有决定性意义的化验，即在那些特征中查找细胞壁的痕迹，从而推断这是不是微生物化石。考古学家凯普塔博士说，他们当时正准备进行这类化验，但是就当时设备的有限能力，那将是一项非常艰巨的分析工作。一些科学家对所报道的可能存在低温生物起源的证据仍然不满意。他们说，尽管可能存在相反的新证据，但是那些晶须状痕迹的发现，成为一个严重的问题，因为那看来是高温环境的决定性证据，在高温环境里，碳水化合物中带有磁性的矿物不可能有生物起源。这块来自火星的岩石有可能成为有史以来被人们研究得最多的岩石，至少已有 45 个研究机构向美国国家航空航天局申请参加这项研究。火星是否存在过生命，迄今尚无定论。

（三）地球生命可能来自金星？

金星一直被视为生命最不可能生存的地方，然而近二十几年来科学家研究推测地球生命可能来自金星。金星的面积和构成与地球十分相近，被认为是最接近对地狱所做的传统描述：灼热的表面足以使铅熔化；空气的压力比得上深深的海底；无所不在的硫黄使那里弥漫着硫酸雨（硫黄还被称为"地狱之火的燃料"）。科罗拉多大学行星科学家戴维·格林斯普恩说，金星一直被认为是生命"最不可能"存活的地方。然而在金星上也可能存在着生命——这表明近二十几年来科学界的认识经历了怎样剧烈的转变。金星甚至还有可能是我们自己的生命开始的地方。金星上的微生物也许通过陨星来到了地球上，从而在地球上"播下了"我们祖先生命的"种子"。"麦哲伦"号探测器 1994 年在完成对金星历时 4 年的研究以后发现，有迹象表明这颗在许多方面与地球相似的行星在其早期可能存在着与地球非常相似的条件。虽然金星目前是最热的行星，但是天文学家们现在已经知道：在太阳系形成初期，太阳的温度比现在要低 30% ～ 40%，因此金星可能曾经是个远比现在适宜生命存在的地方。正如对来自月球和金星的陨石所做的研究已经证明的那样，八大行星"并不是彼此孤立的"，"很可能有东西在行星间飞来飞去"。这意味着生命在太阳系中只出现过一次，接着就通过陨星传播到其他星球上，这些陨星是被彗星和小行星撞击以后推到太空的。格林斯普恩认为，如果生命是在金星上开始的，如今的金星上可能还有活的微生物存在，虽然他承认这种可能性不大。金星总是被厚厚的硫黄云包裹着，但是"硫黄云里面还有一个云层，那里具备常温和常压"。他说，为了能够在那里生存，微生物必须具备"抗酸能力，并且能够制造氧气和温度较低的柠檬水"。金星上目前没有水，这是金星上可能存在生命这一观点遇到的最大障碍。

科学家观察到金星上的一些神秘特征可能是生命的标志。例如，科学家一直无法弄清是什么物质吸收了紫外线。格林斯普恩提出："如果那是一种色素，会不会就像地球上的叶绿素？"叶绿素使活的微生物能够对阳光的能量加以利用。格林斯普恩指出，我们关于生命的一切知识从根本上都是以一个例子为基础，因为地球上所有的生命都是密切相关的。科学家对于生命提出的许多假设——比如生命必须以碳为基础以及生命需要液态水——都只是假设。也许生命产生于一种完全不同的化学基础：在这种情况下，我们事实上可能对生命存在于哪里一无所知。他认为，不能肯定地排除任何一种环境。

（四）木卫三存在大量氧

1997年6月，"伽利略"号探测器近距离掠过木卫三，其搭载的紫外光谱仪发现木卫三表面不断释放出氢，木卫三表层尤其是接近两极的地方存在臭氧，另一台探测器则在木卫三附近发现了带电氢离子。两位美国科学家在研究"伽利略"号木星探测器发回的数据后认为，木星最大的卫星木卫三的表面可能存在厚厚的液态氧，或是木卫三的冰层内"锁住"了大量的氧。

木卫三是太阳系中最大的卫星，其表面温度约为 -121℃。科学家们认为，对该天体的研究可以帮助人类了解地球上最初产生氧气及生命现象的过程。

科罗拉多大学大气和空间物理实验室的查尔斯·巴斯在美国地质物理协会上说，分析木卫三中氢的来源可以得出，来自太阳的紫外线辐射可使木卫三上的冰分解成氢和氧，质量较轻的氢飘浮到上层，而质量较大的氧则很有可能以"氧泡"的形式留在冰层中。巴斯认为，如果上述过程在木卫三40亿年的历史中不断重复，那么木卫三冰层中的氧含量应该与地球大气中的氧含量大致相当。

爱荷华大学的路易斯·弗兰克则认为，靠近木卫三两极的陨石坑中可能存在 10m～100m 厚的液态氧层，这种液态氧"湖"有可能在木卫三形成磁场。弗兰克的观点遭到许多科学家的反对，他们认为木卫三存在磁场的最可能解释是它存在一个熔化的金属核。

四、地球上的生命起源

地球是太阳系的一个成员，是质量、大气、位置均居中的一个行星。迄今，在我们的太阳系中，只是在地球上才存在各种生命，特别是人类。但是，关于行星和恒星的知识使我们难以相信地球是宇宙中亿万颗行星中唯一蕴藏着生命的行星。宇宙起源大约远在 200 亿年以前，银河系起源至少在 130 亿年前，太阳系和地球的形成发生在 46 亿年前。化石年龄的研究表明，生命早在 35 亿年前就已存在，地球已有蓝绿藻类的微生物云集。生物进化是从那时起，一直延续到人类的出现。近代研究认为，人类的出现是在约 400 万年前。

地球上生命的起源，主要从地球上的物质运动和发展中寻找生命物质探索生命起源。原始地球具备生命起源的环境和物质条件：①早期的还原性大气，使原始地球初期形成的前生物有机分子得以积累保存；②早期大气无游离氧，地球外层空间未形成臭氧层，强烈的太阳紫外线对早期大气中的化学反应起重要作用，雷电、宇宙射线也是原始地球化学进化中的重要能源；③原始海洋的形成为生命诞生准备了必要条件。

（一）简单的生物小分子合成

　　生命起源的研究必须在原始地球条件下探索，从简单的生物小分子合成逐步发展成复杂的生命体，它包括下述四个过程。

　　（1）生命必需的有机小分子合成，如氨基酸、碱基、核苷、核苷酸、糖、脂类的合成。从 1953 年米勒（Miller）模拟原始大气高压放电产生氨基酸和 1961 年奥罗（Oro）从氰化氢合成腺嘌呤实验开始，现在科学家们基本上达成共识：生命的基本物质蛋白质，核酸的主要成分核苷酸等均能在原始地球条件下合成。留下的一个问题是"核酸与蛋白质哪一个先发生"。早期有奥巴林（Oparin）和福克斯（Fox）的蛋白质论，20 世纪 80 年代，由于塞克（Cech）和艾尔麦恩（Altman）分别发现核酸酶（Ribozyme）具有酶活性，改变了只有蛋白质才具有催化功能的传统观念，而倾向于"RNA 的世界"。

　　（2）有机小分子的活化与聚合。国内外的研究侧重于太阳紫外线在磷化物的作用下，对有机小分子的活化与聚合。

　　（3）手性起源是小分子聚合成大分子的前提。为什么生命的基本物质蛋白质大部分由 L- 氨基酸组成，核酸 RNA 和 DNA 只由 D 糖组成？科学家认为手性均一是生命所必需的。从微生物到人类，为了保持有机体的生存和复制，细胞必须建立在遗传物质右旋（Veers Right）和氨基酸左旋（Veers Left）的基础上，但手性均一和生命究竟哪一个起源在先，至今尚无定论。

（4）核酸–蛋白质密码关系的建立。组成生命的有机分子可以在原始地球上形成，但有机分子不是生命，只有蛋白质与核酸形成明确的密码关系时，才可能进化并最终产生生命。

根据宇宙大爆炸理论，大约在150亿年前的爆炸初期，宇宙处于高温、高密度状态，只有中子、质子、电子、中微子等基本粒子。之后宇宙沿着两条线平行发展：一条是宇观链，即天体演化和地质演变；另一条是微观–宏观链。后者又分为物理进化、化学进化、生物进化和社会进化四个阶段。化学进化是指原子→分子→生物大分子的进化过程。具体可分为下述四个阶段：

（1）化学元素的合成阶段。质子和电子形成了最简单的化学元素氢，氢俘获一个或两个中子，生成它的同位素氘或氚；氘和氚可以聚变为氦，氦进一步聚变生成碳、氧、氮等元素。

（2）星际小分子的合成阶段。近三十余年来，由于射电望远镜的发展，人们在宇宙太空中观察到50多个星际小分子的转动光谱，与地球上相同分子的转动光谱完全一致。星际分子的发现，说明在宇宙发展的过程中，由碳、氢、氧、氮等化学元素可以合成各种小分子，其中特别重要的有甲烷、氢、氧、水和氨等分子。

（3）生物小分子的合成阶段。在地球和其他天体形成的早期，大气中氢气很多，氧很少，还有大量的甲烷、水和氨等，科学史上称之为还原性大气。在这种环境下，由氢、甲烷、水、氨等小分子可以合成氨基酸、尿嘧啶、嘌呤等生物小分子。

（4）生物大分子的合成阶段。有了氨基酸、磷酸、戊糖、四种碱基等与生物有关的小分子，就能组成生命的基本物质——蛋白质和核酸。1953年，维涅特（Vincentdu Vigneaud）成功地合成了由8个氨基酸构成的催产素；1960年，伍德沃特合成了叶绿素分子；1965年，中国成功合成了牛胰岛素蛋白质分子；1969年，国外合成了链上有124个氨基酸构成单肽链的核糖核酸酶。目前，人们能通过基因工程合成所需的许多蛋白质，但认为只有含核酸分子的类病毒，是化学进化最后阶段的产物和生物进化的开始。

在实验室中可以完成上述化学进化的第四个阶段，但第一阶段在自然界中是如何完成的，至今尚无定论。为美国航空和航天局工作多年的奥罗认为，造成化学反应并导致生命产生的有机物无疑是由与地球碰撞的彗星带来的。萨根做了土卫六（Titan）大气层有有机分子的报道，并认为太阳系中充满了生命的组成成分。加州劳伦斯-伯克利实验室的莱曼在1993年巴塞罗那国际生命起源大会上提出独特的见解，他认为空气和海水混合产生泡沫，由火星或彗星带入空气的含碳分子、泥土和金属微粒沾在泡沫上。泡沫破裂时一些分子进入空气，通过紫外线辐射、闪电引起的化学反应产生氨基酸、脱氧核糖核酸、核糖核酸和脂肪酸，这些分子随雨雪落到地上，形成第一个生命细胞。总之，一切都是在45亿年前，在一个没有大气层并经过亿万颗彗星撞击的世界上开始的。地球用了1亿年的时间，把数千摄氏度的高温降下来，并把彗星带来的水积蓄起来，又过了数百年，地球上出现了第一个能够繁殖，又能变异的细菌。研究生命的化学进化就是要解决如何从"死物"到"活物"的飞跃。

　　总之，生命起源是现代科学三个前沿问题（天体演化，生命起源，基本粒子理论）之一。生命起源就是研究地球或地外星球由非生命物质演变为原始生命的过程，以及如何用人为方法模拟原始条件重现这一自然的历程。它的研究将使人类更好地掌握生命发生和发展的规律，控制生物遗传，同时也具有重大的理论意义和现实意义。

（二）生物小分子的前生物合成

生物小分子是指氨基酸、嘌呤、嘧啶、脂肪酸、糖、核苷、核苷酸和卟啉等构成生命体的基本单元，通常分子量小于1000Dalton（1Dalton=1.6601×10^{-27} kg），当热能、放电、辐射线等各种能量作用于地球、大气和水圈的组分时而产生。氨基酸是模拟原始地球条件下形成的第一种有生命意义的有机化合物。著名的米勒实验是用氢、氨、甲烷和水蒸气组成的还原性气体模拟原始大气，通过火花放电得到氨基酸和其他有机物。产物主要有甘氨酸（Gly）、丙氨酸（Ala）、肌氨酸（Sar）、β-丙氨酸（β-Ala）、a-氨基丁酸（a-ABA）。后来人们用甲醇、异辛烷、乙烷代替甲烷，放电产生了更多的氨基酸。我在模拟原始地球大气中加入PH_3，该体系放电后产生19种氨基酸，而作为对照的不含PH_3的体系只产生6种氨基酸，说明了磷在生命起源中占有重要的地位。

史兰克尔（Strecker）合成是氨基酸的一种古老的合成方法，分为三个步骤：①把氨加到醛中产生亚胺；②把氰化氢加到亚胺中产生氨基氰；③氨基氰不可逆水解生成氨基酸。从史兰克尔合成的机理可见，除氰化物外还需要一些合适的前体分子，即：①醛前体，如甲醛、乙醛和乙醛醇可分别作为甘氨酸、丙氨酸和丝氨酸的醛前体；②活化炔和苯乙炔可以合成苯丙氨酸，羟基可以和苯丙氨酸起反应产生酪氨酸。另一重要的机理是氰化氢合成机理。据探测，氰化氢广泛分布于银河系，故很可能出现在原始地球上。pH 接近 9 的较浓的氰化氢溶液，会发生一系列复杂的化学反应，生成二聚物、三聚物、四聚物等，氰化氢还可以形成高齐聚体 $(HCN)_n$ $n>4$。曼修斯从三聚物和四聚体的水解产物中得到 13 种氨基酸。由此可见，氨基酸可由氰化氢合成，其中四聚体起重要作用，室温下，pH=9.2 时形成四聚体的速率最高，pH=7～10 范围内以合理的速率进行，反应在 100℃速度最快，-20℃下能以计量速率进行。因此，在原始地球上合成四聚体，温度和 pH 值都不是障碍，但若氰化物的浓度降到 $0.01mol \cdot dm^{-3}$ 以下，氰化物水解为甲脒和甲酸的反应占优势。米勒提出低共熔浓度机理，来解释原始地球上形成高浓度氰化物溶液的途径。

第一个从氰化氢合成嘌呤的实验是奥罗做的，他将氰化氢溶解在过量的氨水中，浓度为 $1mol \cdot dm^{-3}$～$15mol \cdot dm^{-3}$，从室温 100℃加热数天，分离出腺嘌呤。腺嘌呤能从 4-氨基-5氰基咪唑、氰酸盐、脲或氰获得，嘧啶可以通过

多种方法获得。福克斯将苹果酸、尿素和聚磷酸加热到
100℃～140℃得到了尿嘧啶；桑切斯（Sanchez）在甲烷、
氮体系中进行火花放电生成氰基乙炔，进而在100℃加热
一天，得到了胞嘧啶。

糖的合成一般认为是发生了甲醛聚糖反应，即用碱处
理甲醛，该反应是自身催化的。人们在原始地球大气的放
电产物中发现了甲醛。由β-D-核糖，β-D-2-脱氧核糖与
嘌呤碱或嘧啶碱缩合后的生成物统称为核苷。萨根认为，
由于还原性原始大气对波长为240nm～290nm的光是透明
的，故有可能在地球的表面上利用这些紫外线而形成核苷
或核苷酸。现已得到证实，在核苷酸合成中必须有磷，而
原始地球上的磷在水中的浓度很小，因此一般认为反应是
在固体磷酸盐的表面上进行的。

卟啉是血红素、细胞色素、叶绿素等的核心成分，由
乙炔、氰化氢或氨合成了吡咯后，又从含有Ni^{2+}或Cu^{2+}的
吡咯以及甲醛的水溶液中生成卟啉。霍森和庞南佩鲁马曾
宣布，在甲烷、氨和水通过放电所产生的生成物中，检测
到卟啉。由于卟啉具有共轭双键结构，所以借助共振的能
量而变得非常稳定。朴尔曼认为卟啉的这一个特征对于其
在化学进化过程中所起的作用，是一个重要的决定性因素。

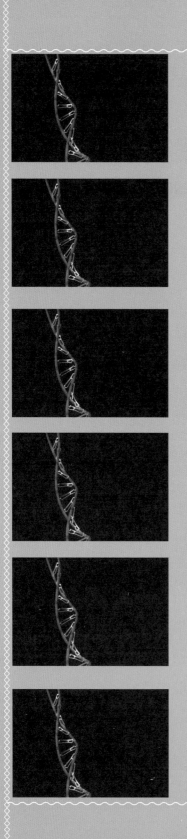

五、组成生命的两大主角——蛋白质和核酸

（一）蛋白质

蛋白质是生命功能的执行者、表演者。人体中有几十万种蛋白质，地球上有 150 万种生物，蛋白质总数估计有 10^{10} 种～ 10^{12} 种。一种细胞中有几千种蛋白质，不同的蛋白质有不同的功能。人吃下东西靠胃液里的酶消化，这种蛋白质叫胃蛋白酶；呼吸时把氧带到全身血液中的是血

表 1　蛋白质中常见 L 型氨基酸的旋光性

名　称	$[\alpha]_D(H_2O)$	$[\alpha]_D(HCl)^{1)}$	名　称	$[\alpha]_D(H_2O)$	$[\alpha]_D(HCl)^{1)}$
甘氨酸 Gly	—	—	亮氨酸 Leu	−11.0	+16.0
丙氨酸 Ala	+1.8	+14.6	丝氨酸 Ser	−7.5	+15.1
缬氨酸 Val	+5.6	+28.3	苏氨酸 Thr	−28.5	−15.0
异亮氨酸 Ile	+12.4	+39.5	天冬酰胺 Asn	−5.3	+33.2$^{3)}$
天冬氨酸 Asp	+5.0	+25.4	组氨酸 His	−38.5	+11.8
谷氨酸 Glu	+12.0	+31.8	半胱氨酸 Cys	−16.5	+6.5
谷氨酰胺 Gln	+6.3	+31.8$^{2)}$	甲硫氨酸 Met	−10.0	+23.2
精氨酸 Arg	+12.5	+27.6	苯丙氨酸 Phe	−34.5	−4.5
赖氨酸 Lys	+13.5	+26.0	酪氨酸 Tyr	未测	−10.0
			色氨酸 Trp	−33.7	+2.8$^{2)}$
			脯氨酸 Pro	−86.2	−60.4

数据前的"+"和"−"表示旋光方向；1）HCl 浓度为 5mol/L；2）HCl 浓度为 1mol/L；3）HCl 浓度为 3mol/L。

红蛋白；动物活动靠的是肌肉中的肌动蛋白、肌球蛋白；和侵入人体的病毒做斗争是靠免疫系统的抗体。蛋白质有这么多的生命功能，它的分子结构又是怎样的呢？

蛋白质是由氨基酸组成的长链，组成人体蛋白质的氨基酸共有 20 种（见表 1），除了不含不对称碳原子的甘氨酸外，其他 19 种全有手性（又称光学活性），但人体蛋白质的氨基酸都是 L 型的或称左手型的，D 型氨基酸只存在于细菌细胞壁和细菌的产物中。为什么人体蛋白质都是左手型的？这是当今生命起源科学家研究的热点，称为生命起源的谜中之谜。

（二）核酸

核酸是一种多聚核苷酸，它的基本结构单位是核苷酸，

表 2　两类核酸的基本化学组成

	RNA	DNA
糖　基	D-核糖	D-2-脱氧核糖
嘌呤碱基	腺嘌呤(A)	腺嘌呤(A)
	鸟嘌呤(G)	鸟嘌呤(G)
嘧啶碱基	胞嘧啶(C)	胞嘧啶(C)
	尿嘧啶(U)	胸腺嘧啶(T)

而核苷酸又由碱基、戊糖与磷酸组成。核苷酸中的戊糖有两类，D-核糖和D-2-脱氧核糖。根据核酸中所含戊糖种类的不同，核酸分为核糖核酸（RNA）和脱氧核糖核酸（DNA）两大类（见表2）。

（三）先有蛋白质还是先有核酸

在生命起源时，究竟是先有蛋白质还是先有核酸呢？这个问题也就是著名的"先有鸡还是先有蛋"的悖论。在20世纪50年代，英国的贝尔纳在莫斯科大学做学术报告，结束时向奥巴林提出一个问题：核酸与蛋白质到底哪个先产生？对此科学界众说纷纭。一派认为先有蛋白质，另一派认为先有核酸，再有一派认为蛋白质和核酸同时起源。在核酸派里，有的提出先有脱氧核糖核酸（DNA），有的则认为先有核糖核酸（RNA），并对此研究了将近半个世纪。

60年过去了，遗传物质DNA双螺旋结构的阐明以及20世纪60年代出现的中心法则——DNA、RNA、蛋白质三者的关系，揭示了生命遗传、发育和进化的内在联系。遗传信息的保存、传递和表达是以DNA为出发点的，并且还发现了遗传密码的编码机理。通过比较研究，证明了所有生物，从细菌到人，遗传密码都是通用的，证明了所有生物在分子进化上都有共同的起源。

核酸RNA先产生的学说，早在20世纪60年代，克里克、奥吉尔（Orgel）、伍斯（C. R. Woose）分别在研究早期的遗传系统，发现RNA把基因的碱基顺序翻译成蛋白质的氨基酸顺序时，具有多方面的重要作用，提出RNA可能出现在DNA之前。进入80年代后，奥吉尔等人在无蛋白质参与的情况下，成功地合成出寡聚核苷酸，支持了RNA出现最早的说法。

考虑到生命起源的分子合成过程中，如无蛋白质，仅RNA能否自我复制？1983年，艾尔麦恩与佩斯合作，确认大肠杆菌和枯草杆菌RNase（核糖核酸酶）P上的RNA部分是货真价实的酶，因为该RNA部分能独自加工tRNA前体，切断其5′端特定位置上的磷酸二酯键。1986年，塞克确认四膜虫rRNA的内含子也是地地道道的酶。因该内含子RNA除能独自切断自己，并连接两侧的外显子和催化两个以上的内含子发生寡聚化反应外，更重要的是还能像RNA聚合酶一样，以寡聚核苷酸（不是三磷酸核苷）为底物，在自己携带的分子内模板上，合成出多聚核苷酸。吉伯特指出，RNA酶和蛋白质酶的催化反应并无实质性的差别，只是蛋白酶的催化反应效率更高、速度更快，并认为进化之初是"RNA的世界"，RNA可以一身二任，既能保存信息，又能提供酶活性，故仅有RNA也足以把早期的进化引向新的阶段。

由于近二十几年来对 RNA 的深入研究，目前生物界大多数学者倾向于核酸最先产生。有理由推测，原始的遗传信息大分子就是 RNA，它既能作为转译蛋白质的信使，又能作为传宗接代遗传物质的基础。可以设想处于萌芽时期的生命是一种极简单又容易形成的大分子体系，随着物种的进化，由 RNA 演变为 DNA 和蛋白质构成的复合体，遗传与性状表达两种功能分别由 DNA 和蛋白质承担。早期的蛋白质起源说以及福克斯的类蛋白微球体生命模型，由于迄今在自然界尚未发现像类病毒（核酸体）那样有生命的类蛋白体，以及至今尚未发现遗传信息从蛋白质流向核酸的例子而退位。生物遗传物质主体最先起源于 RNA 分子或 RNA 与蛋白质构成的复合体，而后向 DNA-蛋白质复合体和蛋白质两个方向演变的学说，逐渐为人们接受。

六、遗传物质——核酸

自然界所有生物的遗传物质都是核酸。核酸有两大
类：脱氧核糖核酸（DNA）和核糖核酸（RNA）。除了
有些小病毒的基因是 RNA 外，其余所有生物的基因都是
DNA。

　　DNA 和 RNA 都是又细又长，有时是极长的分子。DNA
是有规则骨架的聚合物，具有交错的磷酸基和糖基。
DNA 中糖为脱氧核糖，每个糖基上都连着一个平面的小基
团——碱基。碱基有四种：腺嘌呤（A）、鸟嘌呤（G）、
胸腺嘧啶（T）和胞嘧啶（C）。DNA 片段的碱基顺序中包
含着遗传信息。RNA 的结构与 DNA 类似，只是核糖代替了
脱氧核糖，尿嘧啶（U）代替了胸腺嘧啶（T）。

　　DNA 通常以双螺旋的结构存在，两条单链反向平行，
主链位于外部，碱基堆积在内部。最重要的特征是碱基特
异性配对，即一条链上的一个碱基与另一条链上的一个碱
基配对，方式是：

$$T=A \qquad G \equiv C$$
$$A=T \qquad C \equiv G$$

　　细胞在复制 DNA 时，需要解开双螺旋，并以每条单链
为模板形成新的互补链，产生两条双螺旋链，每一条双螺
旋链都含有一条亲代链和一条子代链。由于新生链的碱基

同样遵守配对原则，故能得到两条与亲代一样的双螺旋链。这种配对的机制是遗传的分子基础。

可以用图 3 来表示配对的机制。

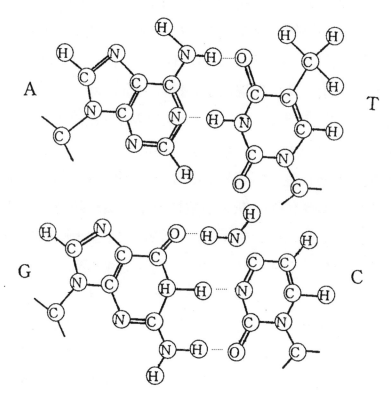

■ 图 3　两个碱基对：A＝T 和 G≡C
　A：腺嘌呤，T：胸腺嘧啶，G：鸟嘌呤，C：胞嘧啶
　Ⓒ：碳原子，Ⓝ：氮原子，Ⓞ：氧原子，Ⓗ：氢原子

（一）核酸的主要功能——编码蛋白质

核酸的主要功能是编码蛋白质。蛋白质分子是具有规则骨架的多聚体（称为多肽链）并且侧链基团的间隔相等。核酸的骨架和侧链基团与蛋白质的骨架与侧链基团在化学上完全不同。蛋白质中发现的侧链有 20 种，而核酸中只有 4 种。在蛋白质中发现的所有的氨基酸（除甘氨酸外）都是 L 型氨基酸，L 型氨基酸与 D 型氨基酸互为镜像。

蛋白质的合成发生在称为核糖体的复杂的"生化机器"中，并且需要一系列的转移 RNA 和一系列特殊的酶。序列信息由信使 RNA 传递。在大多数情况下，这种单链的信使 RNA 是以某段特定的 DNA 为模板，按碱基配对原则合成的。核糖体沿着信使 RNA 移动，每一次阅读三个碱基。总的过程是 DNA → mRNA →蛋白质，箭头代表了信息传递的方向。

每个核糖体不仅包含许多蛋白质分子，还包含一些 RNA 分子，其中有两种 RNA 分子相当大。这些 RNA 不是信使，它们是核糖体结构的组成部分。当肽链合成以后，它将自发地折叠成复杂的三维结构，使得蛋白质能够行使高度专一性的功能。

不同的蛋白质分子大小各异，典型的蛋白质分子含有几百个氨基酸。因此编码蛋白质的基因长度通常在 1000

个碱基对以上。DNA 的其他某些片段作为调控序列决定特定基因的启动和关闭。

某些微小病毒的核酸大约有 5000 个碱基对，编码少数几种蛋白质。一个细菌细胞的 DNA 可能有几百万个碱基对，通常呈环状，编码几千种不同的蛋白质。而人的细胞大约有 30 亿个碱基对，分别来自父亲和母亲，编码约 10 万种蛋白质。20 世纪 70 年代，人们发现高等生物的 DNA 中包含没有明显功能的 DNA 大片段（称为内含子）。

（二）中心法则

中心法则是一个重要的假说，它认为一切生物的遗传物质都是由绞成双螺旋的两股 DNA 组成。遗传基因编码在这种双螺旋里，通过以下两个过程来控制细胞的活动：先由 DNA 分子产生 RNA 分子的转录过程，再由 RNA 指导蛋白质合成的翻译过程。这种"DNA → RNA →蛋白质"的历程几乎可从一切生物中见到，但是三十几年前发现了一组病毒，这组病毒能

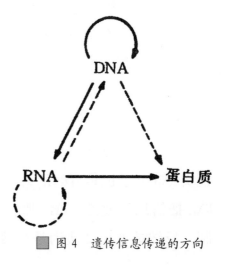

■ 图 4　遗传信息传递的方向

使 RNA 转变成 DNA，称为反转录，从而对中心法则进行了修正。图 4 表示了遗传信息传递的方向，图中箭头代表着序列信息的传递方向，实线表示普通的传递方向，虚线代表异常的传递方向，没有用箭头表示的信息传递是不可能发生的。信息通常是按实线的方向传递的，在一些个别的例子中也会按虚线的方向传递，但必须注意信息无论如何是不会由蛋白质传出的。

在罕见的情况下，某些 RNA 病毒，例如流感病毒和脊髓灰质炎病毒，将按虚线从 RNA 传到 DNA（反转录）发生在 RNA 逆转录病毒中，艾滋病（AIDS）病毒就是其中一例。从 DNA 到蛋白质的虚线传递是极罕见的。在某些特殊条件下，试管中的单链 DNA 可以起到信使的作用，但在自然界中是不会发生的。

在探索遗传信息的进化和起源方面，有些生物学家认为 RNA 是遗传信息的第一个重要分子，DNA 则是新生成物。RNA 的多功能性发现支持了这种论点，因为它贮存信息，并通过与 DNA 十分相似的方式进行复制，但它又不同于 DNA，不能协调蛋白质合成。近 20 年来又不断有证据证实 RNA 分子也具有酶活力。如果在生命历史的某个时刻，RNA 把信息传递给 DNA，那就必须有一个反转录的原始机制。反转录本来被认为是少数病毒特有的，现在看来，可能是其他病毒和高级有机体的本能。

（三）双螺旋 DNA

双螺旋 DNA 是一种了不起的分子。现代人的历史约有 5 万年，文明的历史几乎不到 1 万年，美国的历史仅有 200 多年。可是 DNA 和 RNA 却至少存在了几十亿年。从古至今，双螺旋一直存在并活跃着。DNA 现在已是一个为人所熟知的名词。每个中学生都知道"DNA 是由 4 个字母写成的长长的化学信息"，每条链的主链几乎完全相同，4 个字母（碱基）以一定的间隔连在主链上。正常的 DNA 结构包括两条单独的链，相互盘旋形成双螺旋。克里克在他所写的《狂热的追求》一书中说："与其说沃森和克里克得出了 DNA 的结构，不如说 DNA 的结构造就了沃森和克里克。"他们因为确定了 DNA 的双螺旋结构而获得了诺贝尔奖。

DNA 双螺旋结构的确定被认为是 20 世纪自然科学的最重大的突破。它是由很多科学家的劳动铸成的。首先是英国的威尔金斯（M.Wilkins）和美国的富兰克林（R.Franklin）拍摄的 DNA X 射线衍射图。据此，结晶学家就可以推算出 DNA 分子中各个原子在空间的排列。正当威尔金斯实验室的科学家们苦苦思索着 DNA 可能的结构模型时，在英国剑桥大学卡文迪许（Cavendish）实验室进修的美国人，时年 24 岁的沃森和原在实验室工作的克里克合作，也在探索着 DNA 的结构，可是由于没有得到清晰的 X 射线衍射图，研究工作进展迟缓。一次偶然的机会，他们看到了威尔金斯和富兰克林这张新摄的 X 射线衍射图，从中得到了新的启发，茅塞顿开，结合查盖夫等人发现的碱基配对规则，立即悟出了双螺旋结构的奥秘。他们只花了几个星期的时间经过一两次的失败，就完成了构思 DNA 分子模型的全部工作。1953 年 4 月，沃森和克里克将他们提出的 DNA 双螺旋模型连同威尔金斯实验室的 X 射线衍射图一起，发表在同一期的《自然》杂志上。

图 5 就是沃森-克里克的 DNA 结构模型。从这个模型中我们可以看到 DNA 由两条核苷酸链组成，它们沿着中心轴以相反的方向相互缠绕在一起，就像一条长长的电灯花线。我们再把这种结构的局部放大，就可以看出这种结构就像一座螺旋形的楼梯［如图 6（a）］，楼梯两侧的扶手是两条多核苷酸链的糖-磷基团交替结合的骨架，而楼梯的梯级就是 DNA 的碱基对，它们通过一种较弱的化学键——氢键相互结合在一起。根据 X 射线衍射图的计算，这个螺旋结构的直径是一定的，也就是说两条核苷酸链之间的距离几乎是相等的。前面说过碱基有两类，它们的分子大小

不一，嘌呤碱分子要大一些，嘧啶碱的分子比较小一点，因此相同的碱基配对必然造成螺旋的直径不一，显然这与实验事实不符。为了解释这一问题，沃森和克里克提出DNA分子的每一个碱基对一定是由一个大一点的嘌呤分子和一个小一点的嘧啶分子所组成，这种碱基互补的关系，构成了双螺旋恒定的直径。

因为DNA的两条链通过碱基间形成的氢键连在一起，所以还要考虑到碱基对间氢键生成的可能性。由于A-C或G-T对在化学结构上不宜于生成适合配对的氢键，而A-T

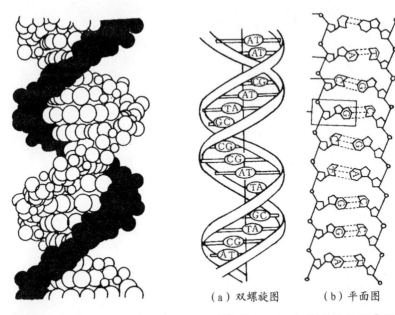

（a）双螺旋图　　（b）平面图

■ 图5　1953年，沃森和克里克提出的DNA分子结构模型

■ 图6　DNA双螺旋结构示意图

和 G-C 能生成两对或三对氢键。因此，DNA 分子中只能是 A 与 T 或 G 与 C 配对。这样的结构为查盖夫等人发现的碱基配对规律找到了正确的解释，也说明了为什么在整个分子中 A 的总数总是等于 T，而 G 的总数总是等于 C。

沃森和克里克的模型后来被许多实验证明是完全正确的。沃森和克里克的伟大发现一发表，就立即轰动了生物学界和物理、化学界，因为他们第一次以准确的语言回答了核酸是怎样可能成为遗传物质的，从而开辟了分子遗传学研究的新天地。

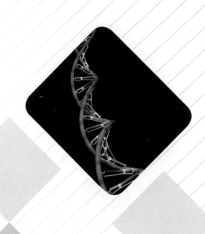

DNA 双螺旋模型的建立及遗传密码的破译是现代生物学发展史上的两个里程碑。与此形成鲜明对照的是遗传密码的起源问题。它与手性起源是生命起源中的两个主要难题。

（一）遗传密码起源假说

早在遗传密码破译以前，盖莫夫（G. Gamow）就曾对遗传密码的起源进行了假设。主要有两种相互对立的遗传密码起源假说：

（1）克里克提出的偶然冻结理论（The accident frozen theory）认为：三联体密码子与相应的氨基酸的密码关系完全是偶然的，而这种关系一旦建立就立即冻结保持不变。

（2）伍斯的立体化学理论（The stereochemical theory）认为：三联体密码子与相应的氨基酸之间的密码关系起源于它们之间特殊的立体化学相互作用。近 50 年来对遗传密码起源的研究主要是从这个角度进行的。大量的研究结果表明，氨基酸与反密码子的直接作用以及疏水−亲水相互作用在遗传密码的起源中可能具有重要意义。

近 30 年来，分子生物学特别是核酸化学的一系列进展，证明了从核酸特别是从 RNA 途径研究遗传密码起源的准确性，为遗传密码起源问题的最终解决提供了可能性。塞克和艾尔麦恩发现的核酸酶（Ribozyme）表明，在生命起源的早期，在蛋白质酶的生命系统之前；存在一种基于 RNA 的自我复制系统，它使著名的"鸡-蛋"悖论倾向于先有 RNA。从原则上讲，集催化与信息功能于一身的 RNA 可能催化自身的复制，且核酸酶不会仅限于自身或自身的互补链做模板。某些 RNA 会具有 RNA 加工酶的活性，如 RNase P；某些 RNA 分子可能结合一个氨基酸作为原始的 tRNA；某些 tRNA 分子可能促进邻位的两个 tRNA 的结合，进而在 RNA 模板上催化肽键的形成。随着多肽与蛋白质的形成，其中一些可能与核酸酶相互作用促进或调节其活性。所以，基于核酸酶的作用与功能，可以预见一个较现实的复制翻译过程。

原始 tRNA 比现代 tRNA 分子小得多，而且可能是由反密码环与氨基酸接受臂构成。虽然原始 tRNA 可能是随机形成的，但只要其特定的氨基酸处于正确的位置上，即能识别相应的氨基酸。这些特定的核苷酸就是反密码子。由于酶只能改变反应的速率，不能改变反应的平衡和性质，故在原始 tRNA 与相应的氨基酸的相互识别中，没有特定酶的催化，以上反应也能进行。原始地球条件下相对长的反应时间以及已经发现的一些原始的催化作用也有可能有利于以上反应的进行，而不是像有的科学家认为的，原始 tRNA 与相应氨基酸的特异性完全是由特定的氨酰 tRNA 合成酶决定的。

所以，遗传密码的起源既非偶然的冻结，也非简单地源于三联体密码子或反密码子与相应核苷酸的直接相互作用，而可能来源于氨基酸与相应原始 tRNA 之间的立体化学相互作用。在这种相互作用中，反密码子决定了作用的特异性并进而决定了它与相应氨基酸的特定密码关系。人们正通过实验检验以上观点，按照已知 tRNA 的核苷酸排列顺序及识别位点，人工合成各种识别位点的 tRNA 片段以检验它们与各种氨基酸的亲和性。

（二）遗传密码表

现在已经知道，遗传密码是由核苷酸组成的三联体。翻译时从起始密码子开始，沿着 mRNA 的 $5'\rightarrow 3'$ 方向，不重叠地连续阅读氨基酸密码子，一直进行到终止密码子才停止，最终从 N 端到 C 端生成一条具有特定顺序的肽链。

"遗传密码"一词，现在被用来代表两种完全不同的含义，外行常用它来表示生物体内的全部遗传信息，分子生物学家指的是表示 4 个字母的核酸语言和 20 个字母的蛋白质语言之间关系的小字典。要了解核苷酸顺序是如何决定氨基酸顺序的，首先要知道编码的比例关系，即要弄清楚核苷酸数目与氨基酸数目的对应比例关系。

从数学观点考虑，核酸通常有 4 种核苷酸，而组成蛋白质的氨基酸有 20 种，因此，一种核苷酸作为一种氨基酸的密码是不可能的。如果两种核苷酸为一组，代表一种氨基酸，那么它们所能代表的氨基酸也只能有 4^2=16 种（不足 20 种）。如果三个核苷酸对应一个氨基酸，那么可能的密码子有 4^3=64 种，这是能够将 20 种氨基酸全部包括进去的最低比例。因此密码子是三联体（triplet），而不是二联体（duplet），更不是单一体（singlet）。

表 3 列出了国际公认的遗传密码，它是在 1954 年首先由盖莫夫提出的具体设想，即 4 种不同的碱基怎样排列组合进行编码，才能表达出 20 种不同的氨基酸。1961 年，由尼伦伯格（M. W. Nirenberg）等用大肠杆菌无细胞体系实验，发现苯丙氨酸的密码就是 RNA 上的尿嘧啶 UUU 密码子。到 1966 年，64 种遗传密码全部破译。

在 64 个密码子中，一共有 3 个终止密码子，它们是 UAA、UAG 和 UGA，不与 tRNA 结合，但能被释放因子识别。终止密码子也叫标点密码子或无意义密码子。有两个氨基酸密码子 AUG（Met）和 GUG（Val）同时兼作起始密码子，

它们作为体内蛋白质生物合成的起始信号，其中 AUG 使用

表3 遗传密码（mRNA 的密码）

第一个碱基 (5′端)	第 二 个 碱 基				第三个碱基 (3′端)
	U	C	A	G	
U	苯丙氨酸 Phe 苯丙氨酸 Phe 亮氨酸 Leu 亮氨酸 Leu	丝氨酸 Ser 丝氨酸 Ser 丝氨酸 Ser 丝氨酸 Ser	酪氨酸 Tyr 酪氨酸 Tyr （终止） （终止）	半胱氨酸 Cys 半胱氨酸 Cys （终止） 色氨酸 Trp	U C A G
C	亮氨酸 Leu 亮氨酸 Leu 亮氨酸 Leu 亮氨酸 Leu	脯氨酸 Pro 脯氨酸 Pro 脯氨酸 Pro 脯氨酸 Pro	组氨酸 His 组氨酸 His 谷氨酰胺 Gln 谷氨酰胺 Gln	精氨酸 Arg 精氨酸 Arg 精氨酸 Arg 精氨酸 Arg	U C A G
A	异亮氨酸 Ile 异亮氨酸 Ile 异亮氨酸 Ile 甲硫氨酸 Met (始读)	苏氨酸 Thr 苏氨酸 Thr 苏氨酸 Thr 苏氨酸 Thr	天冬酰胺 Asn 天冬酰胺 Asn 赖氨酸 Lys 赖氨酸 Lys	丝氨酸 Ser 丝氨酸 Ser 精氨酸 Arg 精氨酸 Arg	U C A G
G	缬氨酸 Val 缬氨酸 Val 缬氨酸 Val 缬氨酸 Val (始读)	丙氨酸 Ala 丙氨酸 Ala 丙氨酸 Ala 丙氨酸 Ala	天冬氨酸 Asp 天冬氨酸 Asp 谷氨酸 Glu 谷氨酸 Glu	甘氨酸 Gly 甘氨酸 Gly 甘氨酸 Gly 甘氨酸 Gly	U C A G

最普遍。

密码的最终破译是由实验室而不是由理论得出的，遗传密码体现了分子生物学的核心，犹如元素周期表是化学的核心一样，但二者又有很大的差别。元素周期表很可能在宇宙中的任何地方都是正确的，特别是在温度和压力与

地球都相似的条件下。但是如果在其他星球也有生命的存在，而那种生命也利用核酸和蛋白质，它们的密码很可能有巨大的差异，在地球上，遗传密码只在某些生物中有微小的变异。克里克认为，遗传密码如同生命本身一样，并不是事物永恒的性质，至少在一定程度上，它是偶然的产物。当密码最初开始进化时，它很可能对生命的起源起重要作用。

（三）遗传密码表与《易经》

《易经》是一本中国古代论述变化的书，它指出在阴阳相互作用中，有64种动态状态，《易经》所使用的程序化方法同计算机一样是建立在二进制数码的基础上，遗传密码的表示方法与易经有着惊人的相似之处。1996年，首幅大型人类基因图谱绘出了1.6万个基因染色体所在的位置，它说明人的一生的确定性和它们的遗传性程序，是由4个碱基中任取3个，构成64个密码子的基因所控制的。用二进制表示"卦"的顺序，并以太阴、少阴、少阳、太阳分别表示尿嘧啶（U）、胞嘧啶（C）、鸟嘌呤（G）、腺嘌呤（A）4个碱基的遗传密码表，发现二者竟似同一个密码系统。

中国古代的《易经》（《周易》），它也是一个由64个符号组成的系统（图7），每个符号也是由4个可能的"字母"中的3个组成，它依赖于阴阳极性的基本规律，揭示人的生命和发展受控于一个包含64种可能的状态，每一种状态又有6种可能的变化，使之成为另一个状态的系统所确定的程序。表4是以《易经》表示的遗传密码表，其中尿嘧啶、胞嘧啶、鸟嘌呤、腺嘌呤分别以卦象符号表示。

通过对比，有人提出是否存在一种规律，它的特征（信息）一方面通过遗传密码表的64种三联体密码显示，另一方面又通过64种可能的状态及发展显示。由《易经》推出的遗传密码表（表5）不仅整体上表现出一种十分严

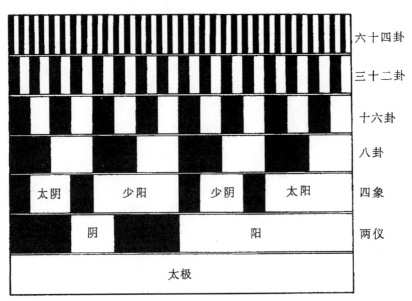

图7 古代伏羲的六十四卦图

表4 以《易经》表示的遗传密码表

5'端	U		C		G		A		3'端
U	0	16	4	20	8	24	12	28	U C
	32	48	36	52	40	56	44	60	G A
C	1	17	5	21	9	25	13	29	U C
	33	49	37	53	41	57	45	61	G A
G	2	18	6	22	10	26	14	30	U C
	34	50	38	54	42	58	46	62	G A
A	3	19	7	23	11	27	15	31	U C
	35	51	39	55	43	59	47	63	G A

表5　由《易经》推出的遗传密码表

5′端	U	C	G	A	3′端
U	Phe	Ser	Cys	Tyr	U
	Phe	Ser	Cys	Tyr	C
	Leu	Ser	Trp	终止	G
	Leu	Ser	终止(Trp)	终止	A
C	Leu	Pro	Arg	His	U
	Leu	Pro	Arg	His	C
	Leu	Pro	Arg	Gln	G
	Leu	Pro	Arg	Gln	A
G	Val	Ala	Gly	Asp	U
	Val	Ala	Gly	Asp	C
	Val	Ala	Gly	Glu	G
	Val	Ala	Gly	Glu	A
A	Ile	Thr	Ser	Asn	U
	Ile	Thr	Ser	Asn	C
	Met(始)	Thr	Arg(终止)	Lys	G
	Ile(Met,始)	Thr	Arg(终止)	Lys	A

整的顺序，还发现原密码表的缺陷，对于高等生物密码变异的情况，全都可以给出解释。两个系统都蕴含着极的原理，一方是阴阳二级，另一方是对称的 DNA 双螺旋链。两个系统 64 个符号的一致性，使我们可以合理地假设，有一种既通过非物质的信息、又通过物质的信息表现出来的密码体系，所有生命正是用这个体系的 64 个符号（密码子）

表达出来。我们意识到 DNA 码与《易经》码具有同一性，阴阳的世界极由携带 64 种均衡态力的 DNA 链通过我们身体中的每一个细胞显示出来。

　　人类基因图谱的发表，说明生物体的形体、结构、特性都是由遗传密码通过对生命过程的控制而决定的。今天我们可以证明所有生物的与某种能力、某种疾病的产生有关的 DNA 片段都是相同的。某一生物的生存条件、它离开其栖息地的远近以及它一生的习惯都受其遗传密码所控制。生物遗传密码与《易经》的数字结构及极性原理一致，大自然以遗传密码的形式提供了生命体发展的程序。

　　在揭示生命奥秘的今天，科学家发现分子生物学、分子遗传学竟然与古代的《易经》沟通，并发现《易经》中的卦是宇宙时空观的符号，表示了宇宙时空的动态平衡及空间结构层次的关系。三元组元是宇宙的基本要素，八卦是空间 8 个方向的力场，64 卦是最优化的省能量的时空状态的变化。我们对世界有一种科学的认识，物理学与思维哲学是一个完整的整体。

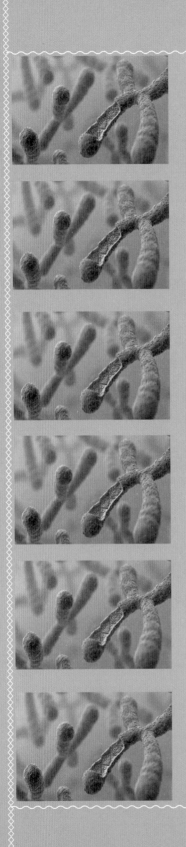

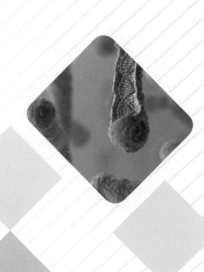

八、组成生命的第三主角——核糖

糖类和蛋白质、核酸一样，都是生命过程的核心物质，涉及生命的主体。在遗传学上它也是非常重要的物质。例如 RNA 和 DNA 的差别不在磷酸上，除碱基稍有差别（DNA 中有胸腺嘧啶，没有尿嘧啶，RNA 中则没有胸腺嘧啶，而有尿嘧啶）外，最大的差别是在核糖（RNA）或脱氧核糖（DNA）上。RNA 的核糖上有 2 位羟基，DNA 的核糖上无 2 位羟基。核糖的 2 位羟基对 RNA 来说，不仅是折叠成固有三维结构的关键因素，也是 RNA 具有催化作用的重要组成部分。核糖 2 位羟基也是 DNA 和 RNA 在遗传学上的本质差别。可见糖类在遗传学上扮演了核心和关键的角色。

人们推测：地球生命的初始形成过程是先有低等植物后有高等植物（糖类为主体）。因此，与蛋白质一样，糖类有可能有自己的遗传密码（糖码）。两者可能有一定的内在联系，但也必定存在明显的差别。在地球诞生生命的初期，先有糖类遗传，然后才有蛋白质遗传，由于多糖的研究方法比蛋白质困难，造成人们对它们的认识顺序发生颠倒。

（一）对糖类的作用的认识

（1）1923年哈特伯格（Michael Heidelberger）和奥斯沃特（Oswald）提出细菌抗原部分是多糖而不是蛋白质。

（2）糖被（glycocalyx或cell coat）是细胞表面不可缺少的组成部分，它对细胞表面的认识功能具有决定作用，已发现其有如下功能：

①糖蛋白（glycoproteins）是低聚糖与多肽链的复合物，是细胞识别机制的必要组成部分。现认为细胞表面糖蛋白的作用好比是细胞与细胞、细胞与其他大分子之间的联络文字。

②病毒感染细胞首先要与细胞表面的受体结合。现已证明细胞表面受体是糖蛋白的结构。

③细胞表面的膜抗原的决定簇是糖蛋白。

④细胞表面的保护作用与润滑作用。

（3）现代科学研究发现，在细胞发展过程中，糖类分子决定两个相反的基本细胞操作的过程：

①正确保持自身免疫防御体系（抗细菌或病毒感染）。

②当细胞脱轨，出现自身免疫疾病或癌症时，细胞表面的糖分子就改变结构和组成。当代主流化学家们已经认识到，糖类是天生绝妙的简明信息箱。

（二）糖类遗传密码

大量的实验结果表明糖类是重要的信息分子，参与许多生理和病理过程，而且糖代谢失调必然引起全身性的各种疾病。糖类在遗传学上是非常重要的物质之一，过去对遗传密码的研究主要集中在 DNA、RNA 上。对糖类的研究，人们没有给予足够的重视，低估了它在生命过程中的贡献，最近 20 年提出"糖类遗传密码"的概念，认为：遗传问题不仅是先天的代、系遗传，也包括生命过程中代谢的准确表达。生命信息的准确传递是维持正常生命过程的基础，而三维结构的准确表达则是信息准确传递的物质结构基础。糖类遗传密码的具体研究内容包括生物活性糖类的结构基础是如何由双亲传给子代的？在后天的细胞新陈代谢中这种结构基础是如何准确表达的？

糖类的纯化处理和结构鉴定都是非常困难的，但随着现代医学研究的进步和各种技术的发展，糖类作为信息分子已得到普遍承认。人们推测：与蛋白质一样，糖类也可能有自己的遗传密码，糖类遗传密码可能与糖类分子本身有着密切的关系，也许在地球诞生生命的初期阶段，先有糖类遗传，然后才有蛋白质遗传。许多疾病的发生和治疗都与糖类有密切的关系。比如癌症和病毒，从糖码假说角度分析，就可能是糖码突变造成的。韩国科学家还发现，合成糖类聚合物具有催化 RNA 和 DNA 水解的作用。而通常 DNA 是难于水解的，只有酶才能水解它们。这个发现是对糖码存在可能性的间接支持。

糖类遗传密码的探索研究有利于促进生物化学中最后一个重大研究前沿的深化发展，它涉及生命起源、糖类在生命过程中的本质及其核心作用，这对生命科学理论的影响将远远超过它本身的实用价值。

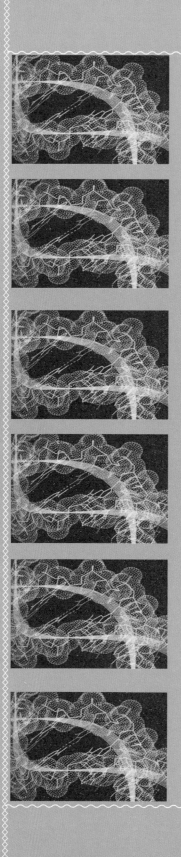

九、磷在生命起源中的作用

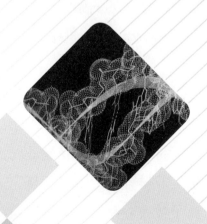

在生命中的物质转移、能量交换、信息传递等诸多重要过程中，磷起着十分重要的不可代替的作用，研究生命起源，决不可忽视磷元素的特殊地位。在核酸化学界，1957年诺贝尔奖获得者托德(L. Todd)认为："哪里有生命，哪里就有磷。"并且指出，"只有在有磷的星球上，才能存在生命。"韦斯特海默（Westheimer）则提出了一个世纪性课题——"为什么大自然选择了磷"。

磷在生命物质的成分比重中虽属微量元素，但是，它是生命现象的重要调控物质，在组成 RNA 和 DNA 的结构中磷酸根是关键。现在地球上的许多磷矿几乎都是在生物的参与下形成的，有不少是生物骨骼的堆积。因此，人们不禁会提出，原始地球时期的磷是怎么来的？它以何种形式存在？这是解决生命起源化学进化的关键问题之一。

磷在中性、碱性的条件下，同碱土金属（Ca、Sr、Ba）结合起来，成为不溶性的盐。在酸性条件下，同 Fe、Al 结合发生沉淀。因此磷在水溶液中的浓度变得极其微小，它在化学进化中的作用肯定会受到非常严格的限制。

磷广泛存在于陨石中。资料表明，普通球粒陨石，磷占 0.2%（按原子数百分率），碳质球粒陨石，磷占 0.3%，陨石中磷多以磷酸盐的形式存在，亦以磷化铁的形式存在。

在月亮中，月壳结晶岩和月壤都含有磷。例如：阿波罗 16 号带回来的结晶岩，P_2O_5 的含量一般在 0.07%～0.45% 之间；阿波罗 11 号带回的月壤，P_2O_5 的平均值为 0.13%；阿波罗 12 号带回的月岩，P_2O_5 的平均值为 0.29%；阿波罗 14 号带回的两个月壤标本，P_2O_5 的含量为 0.50% 和 0.47%。这说明在月岩和月壤中 P_2O_5 的含量都是比较高的。月岩中的磷主要作为岩石的副矿物存在。有两个含磷矿物，氟磷灰石和钇-铈白磷钙矿，P_2O_5 的含量高达 39.6%～44.1%。

从月岩的年龄测定来看，这些含磷矿物的岩石都是在 40 亿年以前形成的。由此可知，在 40 亿年以前的原始地壳，应当也有磷的存在，而且主要存在于地内结晶或火山物质的副矿物中，其分子形式为磷酸盐。由于在原始的大气层中存在 H_2、CO_2、HCl、HCN、H_2S 等气体，当它们以酸雨（pH=5～6）的形式侵蚀地面时，磷酸盐如 $Ca_3(PO_4)_2$ 就发生酸化，形成 $CaHPO_4$ 和可溶性的 $Ca(H_2PO_4)_2$。

1996 年，荷兰的胥华滋（A. W. Schwartz）在第 11 届国际生命起源会议上说，由于地球表面上磷的唯一来源是磷灰石，而磷灰石的溶解度太低，不足以构成生命所需的磷。他们在默奇逊陨石中鉴定出烷基膦酸的存在，提出外源空间磷的来源，并且碳磷键比碳氧磷酯键稳定，能经受宇宙空间原始的严酷条件，从而提供了早期基因物质来源的可能。根据近代行星化学的研究，我在 1982 年就考虑到三氢化磷可能是原始大气的组成部分之一，用火花放电使它们反应，结果发现，在不含三氢化磷时，只产生 6 种氨基酸，含三氢化磷时，可产生至少 19 种氨基酸，进而发现了磷的催化作用。

赵玉芬当时提出了"磷是生命化学过程的调控中心"假说，磷是生命物质核酸、蛋白质的主控因子。磷的化学规律控制着糖（核糖、核酸）以及氨基酸（蛋白质）的化学规律，从而控制着生命的化学进化，并提出了如图 8 的模型。

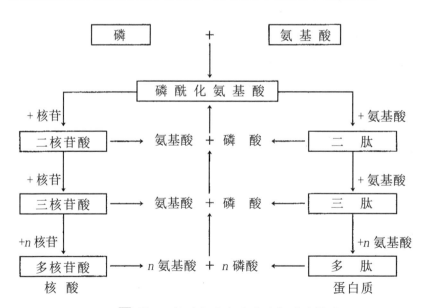

图 8　核酸与蛋白质共同起源的模型

我们还发现，在原始地球条件下，磷酸根的存在对生命起源有着重要影响。磷酸根吸收太阳紫外光子产生磷酸氢根自由基，能损伤碱基、核苷，造成光解损失，但氨基酸对其有抑制作用。这一发现解决了"RNA 世界"学说的困难，提出了进化早期氨基酸与核苷酸以及磷酰基与宇宙场共存的观点。

十、生命从化学系统过渡到生物学系统的模式

大家知道，细胞是构成生物体的基本结构和功能单位，是具有一定边界的独立的多分子体系。它含有蛋白质、核酸（DNA、RNA）、糖类、脂类等有机物质以及水、无机盐及微量元素。那么在没有细胞存在的时候，原始地球上积聚的前生物有机分子（类蛋白、类核酸、类脂、糖类等）是如何进化成生命的？

（一）奥巴林的团聚体模式

大分子的胶体溶液在一定条件下能发生团聚现象。苏联的奥巴林和他的研究小组从 20 世纪 30 年代开始就详细研究了某些蛋白质胶体形成的团聚体，发现它们具有许多有趣的类似细胞的特征。奥巴林把这种团聚体视为前细胞的生命结构。当混合两种蛋白质胶体（例如明胶和阿拉伯胶）或一种蛋白质、一种多肽溶液，在一定的 pH 条件下，溶液发生混浊，无数的团聚体形成于溶液中。团聚体最有趣的特征是能通过它的外膜而选择性地吸收周围的物质。例如它们能吸收氨基酸、催化剂、酶等。当把反应物和酶一起放在溶液中时，团聚体吸收了它们并且在团聚体内部发生酶促反应。例如将糖和酶导入团聚体，可以在团聚体内部形成淀粉。还可以在团聚体内部诱发核苷酸合成以及聚核苷酸分解等复杂的生物化学反应。奥巴林等认为，在早期地球表面的含有有机物的小水池（有机汤）中会产生这种类似团聚体的前细胞生命结构，由它们再演化到真正的细胞。

但是奥巴林的假说有两个主要问题：一是团聚体形成需要有蛋白质的存在，那么在原始地球上，具有复杂分子结构的蛋白质是怎样形成的，这一问题尚未解决；二是团聚体形成需要在极浓的有机物溶液中，而地球上稀薄的"有机汤"如何浓缩到能形成团聚体呢？有人补充说，小水池在火山附近高温的影响下会蒸发，从而使"有机汤"浓缩。但有人反驳说，由于蒸发，盐的浓度比有机物的浓度升高得更厉害。

（二）福克斯的微球体模式

美国的福克斯及其研究小组提出了另一个原始生命产生的模式。

福克斯等人不是在溶液中而是在干燥的条件下制造了他们的类蛋白质"微球体（microspheres）"。他们把干的氨基酸混合物加热到170℃并持续数小时，直到氨基酸干粉变成粘滞的液体，然后把它放入1%的氯化钠溶液中。于是液体混浊起来，形成了无数的微球体。这些微球体经过缓冲溶液处理之后就显出双层的厚膜，这个膜具有某些生物学特点，如选择性渗透等。微球体有时会出芽（在温度波动的情况下），而且还可以合并别的微球体扩大自己（有点像异养生长）。

鉴于福克斯的实验条件与原始地球的真实条件相差太远（哪儿来的纯的具有光学活性的氨基酸干粉呢？），所以接着就有许多人用不同的原料和不同的条件制造出各种"微球体"来，有的人索性用火山喷气作原料。

与团聚体一样，微球体的形成也需要很高的反应物浓度，"稀汤"或大气似乎都不能创造这种条件。有人（如福尔索姆，1979 年）主张，原生体的形成是发生在大气与水体的交界面上，通过放电作用就会有简单有机物合成，同时也有大分子聚合物的产生。在水面上首先形成了原生体，然后沉到水下。这就解决了浓缩问题，因为放电后形成的一些大分子聚合物浮在水面上形成薄薄的一层油垢，其浓度当然很高了。当水一搅动，它们在下沉中就形成了原生体——这真是煞费苦心想出来的！

（三）团聚体模式与微球体模式的关系

还有一些人（如伯纳尔，1967 年）推测，黏土起了很重要的作用。模拟实验也证明，不同的黏土有选择性地吸附氨基酸、核苷和核苷酸，这样就可以使"有机汤"中的有机物在局部浓缩。另外，选择性的吸附可以使氨基酸、核苷酸等比较有规则地排列，减少了随机性。

奥巴林的团聚体和福克斯的微球体被认为是细胞的前身，所以又被称为"原生体"。有人索性称之为"原细胞"。但是还有一个问题没有解决，那就是生命的核心——核糖核酸是怎样形成的，或者说是怎样与蛋白质结合而成真正有遗传功能的生命体系的？

上述的原生体都是蛋白质，没有核酸。如果蛋白质与核酸是同时产生于"有机汤"中，而蛋白质的原生体首先形成，那么就有一个核酸（DNA、RNA）如何进入原生体的问题，或者说它们是怎样结合而构成一个互相依赖的生命系统的。也许还有另一种可能，即蛋白质和核酸不是同时产生的。至于先有核酸还是先有蛋白质，还搞不清楚。在早期地球上原生体可能先形成，核酸的合成可能是在原生体内部，但现在的活细胞内蛋白质的合成是以核酸存在为前提的。

（四）"团聚体内的团聚体"模式

这个理论是奥巴林和福克斯理论的综合，最早由捷克人诺瓦克和列伯尔于1971年提出，他们认为化学演化通过若干步骤达到生物学水平。其基本原理是物质的自我组织能力，由化学的自我组织过渡到胶体化学的自我组织，再过渡到复合团聚体（即团聚体内的团聚体）的自我组织，最后形成原始的细胞。

（1）化学的自我组织：例如在福克斯的热聚合实验中氨基酸分子自我排列成一定的顺序，形成类蛋白。氨基酸的排列取决于不同氨基酸在热聚合条件下不同的稳定性，氨基酸之间不同的聚合力以及聚合过程中的相互转化等，遵循一般的化学规律。

（2）胶体化学的自我组织：例如类蛋白或其他大分子（如磷脂等）自我构成单个的、分隔的系统——团聚体或微球体、脂泡等。这是由生物大分子的胶体化学特性所决定的。

（3）团聚体内的团聚体：团聚体本身的特性决定了团聚体可能进一步自我组织成更复杂的结构。团聚体很容易聚集成群并沉于水底，形成团聚体软泥层，在软泥层团聚体中有利于发展出复合的、次生的团聚体。团聚体在含有多核苷酸、多糖等成分复杂的溶液中能够选择性地吸收各种物质，例如它能够吸收多核苷酸、磷脂等，从而形成具有蛋白质-磷酸膜的复合核蛋白团聚体。核酸与蛋白质之间有可能进一步发展成相互依赖的关系，并使蛋白质的合成纳入核酸的控制之下，这样就形成了最初的基因组，再进一步形成有膜壁的细胞。

上面所叙述的过程虽然也有一些实验根据，但推测的成分居多。团聚体内的团聚体与细胞之间仍然存在鸿沟，否则我们就可以在试管里观察到复合团聚体是如何转化为细胞了。

（五）超循环组织模式

1971 年，埃根提出了另一种可能的过渡形式，即超循环组织（hypercyclic organization）。他认为在化学演化与生物学演化之间存在着一个分子自我组织阶段，即通过生物大分子的自我组织，建立起超循环组织并过渡到原始的有细胞结构的生命。

何谓超循环呢？化学反应循环有不同的等级或组织水平，各个简单的、低级的、相互关联的反应循环可以组成复杂的、高级的大循环系统。生物体内普遍存在着高级的、复杂的反应循环，如各种催化循环（反应循环的中间产物可以催化另一个反应循环）。埃根认为，类似单链 RNA 的复制机制（正链与负链互为模板）的自催化或自我复制循环在分子演化过程中起了重要作用。埃根的超循环组织就是指由自催化或自我复制的单元组织起来的超循环系统。

这个超循环系统由于能够自我复制（以一定的准确性）而能保持和积累遗传信息，又由于复制中可能出现错误而产生变异，因此这个超循环系统能够纳入达尔文的演化模式中，即依靠遗传、变异和选择而实现最优化。所以超循环系统可以称之为分子达尔文系统。团聚体和微球体虽然具有某种代谢的功能，但不能自我复制，从而不能保持、积累遗传信息；而超循环组织具备原始生命最基本的特征：代谢、遗传和变异，从而能借助选择达到生物学演化水平。

选择在分子水平上是如何进行的呢？群体遗传学证明，选择不是作用于个体基因，而是作用于群体（或种群），通过改变群体基因频率而推动物种演化。对于分子系统来说也是这样，选择不能作用于单一分子。按埃根等人的说法，分子系统也存在着类似物种的分子系统组合，叫作准种，选择作用于那些"分子准种"而促进其演化。

（六）阶梯式过渡模式

在埃根的超循环模式的基础上，逐渐发展出了一个综合的过渡理论，奥地利维也纳大学的肖斯脱（Schuster）等人在 1983 年～1984 年提出了包括六个阶梯式步骤的、由原始的化学结构过渡到原始细胞的理论，在这个过渡顺序中每一步骤都建立在前一步骤的基础上。图 9 是从化学演化到生物学演化所经历的六个关键性步骤，每一步所要克服的"危机"或障碍以箭头表示于图的左上部，克服障碍的途径以波纹状箭头表示于图的右下部。

现在让我们解释一下图 9 中的生命早期演化的阶梯。

演化从小分子开始到有原始细胞结构的微生物为止要经过六道难关（或危机），克服这些演化途径中的障碍是通过一定的"革新"。例如从小分子到形成杂聚合物（第一步），演化系统面临着"组织化危机"（即分散的、无组织的小分子如果不能初步组织起来就不能进入下一步的演化），克服这个"危机"是通过聚合作用，即由不同的

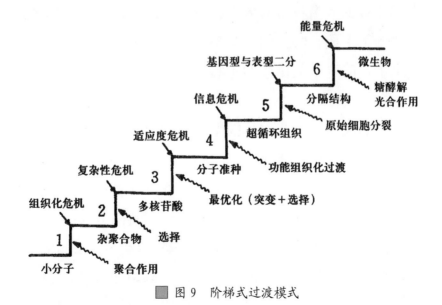

图 9　阶梯式过渡模式

小分子聚合为杂聚合物。又如从无序的杂聚合物到多核苷酸（第二步）是通过分子系统的选择来克服"复杂性危机"的。

最早出现的多核苷酸是以自身为模板来控制其复制的。这时类蛋白或多肽在多核苷酸的复制中起催化作用，但它们是作为外界环境因素（有如介质中的铁离子或有吸附作用的黏土等那样的催化因素）而不依赖于多核苷酸。此外如类脂膜的形成，ATP、GTP、CTP 和 UTP 等有活性的单分子的形成也与多核苷酸无关，也就是说在演化的第三步多核苷酸还没有成为遗传载体。在第四步阶梯上蛋白质合成才被纳入多核苷酸的自我复制系统中。这时多肽的结构依赖于多核苷酸上的碱基顺序，最早的基因和遗传密码产生了，而这一关键性的步骤是通过上述超循环模式达到的。

新形成的多核苷酸基因系统必须个别地分隔开来，才能通过选择实现最优化，基因翻译的产物接受选择作用，基因型与表型分离。但分隔结构要保持其特征延续需要使其内部的多核苷酸复制、蛋白质合成和新的分隔结构形成三者同步，原始细胞结构满足了这些要求。原始细胞是一种能稳定地保持其特征的分隔结构，原始细胞分裂过程正是其多核苷酸基因系统复制、蛋白质合成和新的分隔结构形成三者同步的过程。这就是演化阶梯的第五步。

最后一步是原核细胞生命（微生物）的形成。由一系列在多核苷酸基因系统控制下的代谢反应序列提供给多核苷酸复制及蛋白质合成等所需的能量。比较简单的、原始的微生物是进行化学自养或异养，比较复杂的微生物是进行光合作用的原核细胞生命。

（一）细胞是生命活动的基本单位

细胞是生命活动的基本单位，除了病毒是非细胞形态的生命体，一切有机体都由细胞构成。细胞不仅是生命体的基本形态结构单位，还是生物体的基本功能单位。生物体的生长、发育、繁殖和进化都以细胞为基础。细胞、细胞器与其外环境接界处的一层膜称为生物膜，物质输运、能量转换、信息传递都在膜上进行。膜不仅提供场所，而且参与过程。

细胞学说是生命系统的原子论，论证了细胞是动、植物的基本结构单位；各种细胞均有细胞膜、细胞核和核仁结构；它有自己发生和发展的过程。从细胞膜的形成，有人提出生命起源的原胞说。按照原胞说，生命起源的过程大体像图10所表示的

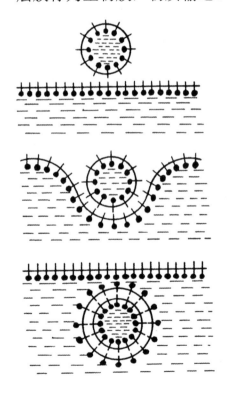

■ 图10 "原胞"形成的一种可能模型

那样，脂类由于疏水力的作用，在水面上形成脂分子的单分子层。如果一个由同样的单分子层包裹着的氨基酸或其他生命分子的水滴掉在水面，由于疏水力与重力的作用，就会在水中形成一个细胞原型，从而诞生出最原始的生命。

（二）细胞起源和生命起源

生命起源和细胞起源的研究不仅有生物学的意义，而且有科学的宇宙观的意义。细胞的起源包含三个方面：①构成所有真核生物的真核细胞的起源；②与生命的起源相伴的原核细胞的起源；③三界学说，即古核细胞的起源。

在细胞生物学、分子生物学、原生生物学和微生物学有了巨大发展的基础上，近50年来真核细胞起源的研究取得了重大的进展，例如叶绿体和线粒体的起源。有的正在取得重大突破，如鞭毛和细胞骨架的起源问题，开创了进化分子细胞生物学，其目的在于从生命的发展、进化的角度考察一切细胞生物学的现象。

真核细胞起源的根本关键是细胞核的起源，因为具有核被膜的细胞核是真核细胞在形态结构上的最根本的标志。近20年来，我们对所有现存的真核生物中目前所知的最为原始的类群——双滴虫类（diplomonads）的细胞核及核分裂方式进行了研究，已发现了一系列独特的极为原始的特征，如无核仁，核被膜不完整，核分裂方式极为原始，贾第虫（Giadia）的核分裂中看来没有纺锤体参与。这些发现结合近 20 年来国外在原核生物的染色质结构及其分裂机理上的一些重要发现，正在给细胞核的起源研究和有丝分裂的起源研究带来重大的新突破。

跟真核细胞起源的研究相比，生命起源和原核细胞起源的研究要困难得多，未来要走的路也更漫长。但是科学的发展是加速度的，作为一种乐观的估计，生命的起源问题也许到 21 世纪的后半叶就会有根本性的突破。

（三）生命的第三界——古核生物

1977 年，伍斯提出生命体系应划分为三界。第一界是真核生物，第二界是原核生物，第三界是古核生物。1996 年，产甲烷球菌的全基因组序列测定，为三界学说提供了可信证据。

长期以来，两界学说统治着生物界，认为生物划分为原核、真核两大界，真核生物由原始的原核生物进化而来。随着对原核生物各类群的深入研究，发现许多生活在极端环境如高盐、高温、高压、极端的 pH 值的古细菌，在生理生化方面与真细菌存在着巨大差异，分子机制亦很独特，许多学者对两界学说提出怀疑。20 世纪 70 年代中期，伍斯研究 ssrRNA（原核 16S，真核 18S）发现这类微生物应当从原核生物中独立出来，成为真核、原核两大界之外的第三界。三界生物都来自祖细胞。

　　产甲烷球菌发现于 1982 年，生活在 2600m 深、200atm、940℃的海底火山口附近。全基因组包括一个 1.66Mbp 的环状染色体和一大（58.4Kbp）、一小（16.6Kbp）两个染色体外成分。1996 年，美国基因研究所的白塔（L. Bult）测定了产甲烷球菌的全基因组序列，发现其编码遗传信息传递过程（复制、转录、翻译）的基因与真核同源；编码参与代谢过程（能量产生和固氮）与原核同源。这为三界学说提供了可信的证据，是对生命世界认识的深化，它深入到基因组层次，摒弃了以表型为主的分类体系，揭示了生命进化的意义。古核生物的生活环境与生命起源初期的地球环境有类似之处，在进化分支上最接近祖细胞。研究其基因特性有助于生命起源的揭示，也为研究外星生命是否产生提供了间接证据。

十二、生命性别的起源

（一）生命何时出现性别之分

1995 年，张昀提出，原始生命在内外环境的共同作用下，经过 30 多亿年漫长的生物演化，在元古宙末即 6 亿多年前的晚前寒武纪产生了具有有性生殖方式的多细胞原植体生物，并在浅海环境达到了繁荣。在贵州发现的前寒武纪古植物化石，是全球已知的第一个具有有性生殖方式的生物化石。从微观形态比较得出，生命最迟在 6 亿年前出现了性别分化。

我们的地球，已经存在了 46 亿年。大约在 35 亿年前，生命只是一些单细胞；大约在 19 亿年前至 18 亿年前，地球的大气中开始有了氧气，这时除了有原始的原核细胞，又开始进化出了真核细胞，这是一种需氧代谢的细胞，它具备了出现多细胞生物和雌雄分化的可能。

1984 年，在贵州中部的磷矿化石中，发现了多细胞化石，观察到类似现代某些红藻的果胞体和精子囊的有性生殖结构。同位素年龄测定是 6.2 亿年，比代表后生动物的第一次适应辐射的伊迪卡拉化石群早 0.5 亿年。所以，性别分化大约发生在元古宙晚期，发生在后生动、植物最早能适应辐射之前不久。

原核细胞的繁殖是靠自身的分裂，而真核细胞出现了有性繁殖，其繁殖率大大提高，一对细胞一次可繁殖出成千上万的后代。

任何一个有性个体都不可能将其基因型不变地传递给下一代。一个有性个体一生要产生成千上万的卵子或成亿的精子，如果原核细胞在遗传时有 10 个位点发生突变，那么它就会出现 11 种变异；而有性繁殖时，如果有 10 个位点出现突变，它就会有 310 种变异。

有性生殖给生物带来的第二个重大利益是使生殖与营养的分化、生物结构的复杂化和生物个体由微观体积向宏观体积的转变成为可能。生命自从有了雌雄之分，就有了它的大量繁殖，就有了它的种类爆炸。动物与植物的遗传变异极大地增加，进化的步伐加快，生活变得更复杂、更丰富了。

（二）恒温动物和冷血动物怎样生存？

动物可分为恒温与冷血两大类。人类属于恒温动物，正常体温 37 ℃。但是鱼类、冬眠动物、浮游生物、小球藻、四膜虫等简单生物，它们能在 -10 ℃～ 100 ℃左右的温度下生存，这是什么原因呢？

原来这些动物和植物都具有随环境温度变化而改变它们的膜质成分的本能。例如原核生物在温度下降时，会自动调节膜脂质分子的脂肪链饱和度，还能在磷脂中掺入含分支型酰胺链、环丙烷酰胺链，以便扩张分子的接触空间而降低相变温度，这种本能使它们能在 -10 ℃～100 ℃之间的温度下生存。但如金鱼，当温度下降时，其膜磷脂的饱和度随之增加，反而使相变温度提高。那么金鱼靠什么来度过数九寒天呢？它是利用减小胆固醇/磷脂的比来维持脂质分子流动性，这种自动控制的系统是变温生物赖以生存的本能。

（三）猫眼发绿光、狼眼发黄绿光的原因

人眼的感光系统是视网膜，视网膜只有 0.1 mm～0.5 mm 厚，但结构复杂。视觉过程的关键一环是把光信号转换为电信号。接受光信号的部分是光感受细胞，包括视杆细胞和视锥细胞。光电转换是在眼睛内的光感受细胞、视锥细胞膜中进行的，视锥细胞膜是一种液晶膜。

视杆细胞外观呈圆柱形，外段由双层生物功能膜折叠成多层结构。多层折叠能增加光电转换效率。它不能分辨颜色，但对光强很敏感，只要吸收几个光量子就会释放出刺激电信号。视锥细胞为圆锥形，它的内部也折叠着液晶光电转换生物膜。它对光强灵敏度小，但对颜色很敏感。光感受细胞含有光敏色素，处于液晶态，在光的照射下，

由于液晶的"光生伏特效应"而产生电动势，把光脉冲变成电脉冲，通过神经系统传递给大脑，形成人们对景物的印象。

什么叫液晶光生伏特效应？镀有透明电极的两片玻璃板之间，夹有一层向列型或近晶型液晶，在强光照射下，电极间会出现电动势，这种现象叫光生伏特效应。欧阳钟灿提出，液晶分子排列的几何图形是能否产生光生伏特效应的决定性因素。分子长轴与电极表面平行排列时，可以发生光电转换；分子长轴与电极表面相垂直排列时，就不发生光电转换。这个结论有助于说明视杆和视锥细胞膜内视紫红质分子为什么都以片状结构存在的事实。为了证明视杆细胞把光信号转为电信号是依赖于胞内感光分子的液晶结构，有人摘出大鼠眼睛，在48℃下观察，视杆细胞光电信号转换正常，如加热到58℃再冷却，光照时就测不到电信号，这是因为温度上升破坏了视色素的液晶排列结构。

夜行动物的眼睛为什么会发光？例如，在黑夜猫眼发绿光，牛眼发蓝光，狼眼发可怕的黄绿光。其实，动物眼睛里并没有光源，人们看到的动物眼睛的颜色都是反射光的颜色。动物的色素反光层排列成螺旋结构液晶，反射出与其螺距相匹配的某个波长的单色光。这样的反射光由于

黑夜光强十分微弱，但具有与背景不同的奇特色彩，于是
显出各种不同颜色。

（四）我们的手左、右不平衡是人类进化的产物

在历史的长河中，左手的重要职能被一些人忽视了。
左手感知空间的灵敏度和准确性比右手还要略胜一筹。难
怪体育明星（网球、足球、击剑、乒乓球运动员）中有那
么多的"左撇子"。康普顿大学生理学教授何塞·鲁维亚
认为：人的大脑分为两个对应而交叉的半球，一个支配语
言，一个支配视觉、空间。多数的"左撇子"（四人中占
三人）使用左手靠不支配语言的脑区，因而视、空感知机
能的开发状况较好。

"左撇子"是一种客观事实，自然成为无数学者研究
的目标。直到 1987 年，人类学家一直认为人类的大脑按
半球分工，左半球管语言，右半球负责感知空间，就是说，
"左撇子"现象为人类所特有，是人的"专利"。

然而，有人指出，猴子和其他动物中也有"左撇子"。
早在 5000 万年前至 350 万年前，地球上有一种类似"Makis
猴"的人类祖先，他们攀树的姿势就是不对称的，身体的
右手用来保持某种姿势，左手却无用武之地。直到 1500
万年前，人类祖先许多习惯还像猕猴，用左手抓攀，右脚

支配身体，右手抓握东西。据考古发现，20万年前猿人用作武器的燧石，是用右手敲打成的。据对牙齿化石研究考证，猿人右臼齿磨损程度比左边厉害。美国得克萨斯大学彼得·迈克尼拉提出一种新理论，语言和右手优势早在猿人形成之前就已经存在了，人的双手左、右不平衡是人类进化的产物。

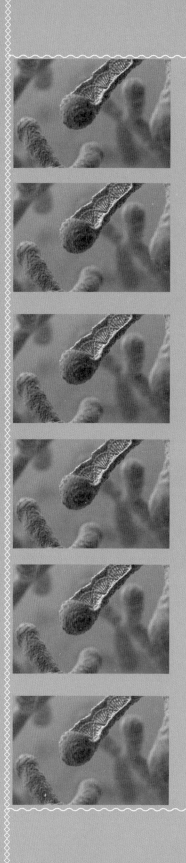

（一）对称性破缺的含义

生命起源中的对称性破缺——生物分子手性均一性，是生命中长期的未解之谜。为什么在自然界中氨基酸有 L 和 D 两种对映异构体，而组成蛋白质的 a- 氨基酸却几乎都是 L 型（少数低级病毒有 D 型）。天然糖有 D 糖，也有 L 糖，但核糖核酸（RNA）、脱氧核糖核酸（DNA）中的核糖却全都是 D 糖，蛋白质和核酸的这一特性称为分子的手性均一性。

生命分子 RNA 和 DNA 只由 D 核糖组成，蛋白质只由 L 型氨基酸组成。核糖的正确复制取决于 L 型氨基酸构成的蛋白质的活性，两者的手性是密切相关的。D- 核糖的比旋为 -23.7°，D-2- 脱氧核糖的比旋为 -60°，是左旋光分子。值得注意的是 19 种 L 型氨基酸分子并不都是左旋光分子，氨基酸的旋光符号和大小取决于侧链 R 基团的性质，并与测定时溶液的 pH 有关。在无人为外加不对称因素时，天然的或实验室化学合成的产物中，L 型和 D 型分子出现的概率是相同的，但在生物体尤其是高等动物中这种选择是特有的。是什么力量在所有生物体内，从 D、L 分子中挑选出一半呢？

有人将上述现象归之于自发的对称性破缺，并比喻为萨拉姆（Abdus Salam，1979 年诺贝尔物理奖获得者）设宴请客。吃饭前，服务员将餐具布置于圆桌，各碟子间和相邻碟子间的筷子都严格等距离；入席时客人坐在碟子后，距两边筷子等距。假定所有客人无偏爱某只手拿筷子的习惯，因此开宴前该圆桌体系是左右对称的。突然某人先拿起左（或右）边一双筷子，邻座的人不得不也拿起左（或右）边筷子，该过程迅速影响全桌，最后人人都拿左（或右）边筷子，结果左右对称性打破了。这一过程的开端是偶然的，向左或向右也是偶然的，称为自发的对称性破缺。但自发的对称性破缺具有随机性，无法解释地球上各个蛋白质和核酸都具有同一手性的事实。看来必须存在一种不对称的驱动力，才有可能解决这一难题。

1995 年 3 月，美国《科学》杂志报道在洛杉矶召开的"生物分子手性均一性起源"的国际会议上，与会的物理、化学、天文学家大多数认为"没有手性就没有生命""手性起源先于生命"。目前世界上多数学者否认神秘的生命选择力，不同意"自发的对称性破缺"，主张寻找物理缘由。其中最有吸引力的看法是，宇称不守恒的弱相互作用通过中性流联合电磁相互作用，使手性分子两对映体的电子键产生差别，并计算出左、右分子的能量差约为 10^{-19} eV。然后通过非平衡相变和自催化机制逐步放大，最后形成手性分子。

（二）萨拉姆相变假说

萨拉姆是物理学家，他在 20 世纪 60 年代后期与温伯格、格拉肖提出弱作用力和电磁力统一理论，预言原子中电子和原子核内的质子和中子有一个新的电弱作用力，它不保持宇称守恒性。70 年代证实这个力存在。萨拉姆于 1979 年获诺贝尔物理奖，1996 年 11 月病故。他生前的诺言是要在生物分子手性起源问题上拿第二个诺贝尔奖，可见这个问题的难度和重要性。

1993 年萨拉姆提出一个假说，由于 Z^0 相互作用，电子与电子耦合形成库柏对，在某临界低温下玻色凝聚，有可能引起氨基酸由 D 型向 L 型的二级相变，并理论预测相变温度为 -23.15℃。萨拉姆认为经典化学家只考虑电磁相互作用，而没注意到电弱力，尤其是 Z^0 力。虽然在低温下，Z^0 力很小，但能引起相变，α 碳上的 H 可以给出电子，行为类似金属氢。由于弱作用宇称不守恒，Z^0 力以不同的方式与右旋和左旋电子作用，在手性分子中 Z^0 力产生能移。文梅森和特兰特计算结果表明，丙氨酸、缬氨酸、丝氨酸和天冬氨酸的 L-D 型能差分别为 -3.0×10^{-19}eV、-6.2×10^{-19}eV、-2.3×10^{-19}eV 和 -4.8×10^{-19}eV。Z^0 力使氨基酸手性分子 D 型处在比其对映体 L 型高的能态上。对于核糖的计算则相反，L 糖能态高于 D 糖。

（三）萨拉姆假说的实验研究

萨拉姆认为地球太热，手性起源于宇宙。他的相变假说存在三个问题：

（1）低温下玻色凝聚作为手性均一的放大机制，预言的二级相变是否存在？

（2）弱中性流 Z^0 是短程力，怎样在化学效应中起作用？

（3）断开 C-H 键的活化能位垒如何克服？

萨拉姆的相变假说发表后，法国里昂核物理研究所费格鲁研究组、美国马里兰大学庞南佩鲁玛实验室、中国北京大学技术物理系王文清科研组相继进行实验。法国和美国两实验室都采用了低温 77K、4K、0.6K 冷冻 3 天，然后升温测定氨基酸水溶液旋光的方法，均得出否定的结果，由于他们未考虑相变是可逆的，未发现二级相变。

中国北京大学技术物理系王文清科研组为了测定低温下氨基酸是否存在二级相变，与合肥科技大学物理系杨宏顺、陈兆甲科研组合作，利用微分扫描量热仪（DSC），选择 D 型与 L 型能差为 6.3×10^{-19}eV 和 3.0×10^{-19}eV 的缬氨酸（Val）和丙氨酸（Ala）单晶，用差分绝热连续加热量热法，测定了 100K～300K D-Val（Ala）和 L-Val（Ala）的等压比热 Cp-T（K）图，实验结果在 270±1K 有明显 λ 相变。实验排除了水汽、结晶水和杂质的干扰。D-Ala 和 L-Ala 单晶 X 衍射数据表明，在 Tc 前后 D-Val 无晶格变化。实验测出 D-Val 峰能差 10^{-4}eV/ 分子，这与 BCS 理论中超导的能隙相近。根据微观超导理论，正常超导相变不是晶格引起的，相变只涉及电子气体状态的改变。他们提出 D-Val 比热异常可能是由于 H 原子上的电子由正常电子转变为超导电子所引起的。实验还发现 D-Val 和 D-Ala 单晶的比热均高于其相应的对映体 L-Val 和 L-Ala。晶体的比热有晶格点阵和电子两部分的贡献。X 衍射数据表明 D-Val 在相变前后无晶格变化。磁化率测定 Val 和 Ala 单晶均为抗磁性，质量磁化率 $x_p < 0$，因此比热大小主要归之于 D 与 L 两种单晶分子振动自由度的差别。这与萨拉姆假说及 Mason 计算结果一致，L 型氨基酸分子处于较低能级。

（四）电弱中性流宇称不守恒与生物分子手性不对称破缺

为了观察电弱中性流宇称不守恒在低温单晶 D 型和 L 型丙氨酸和缬氨酸相变过程中的作用，我们设想在 D-Ala

或 L-Ala 分子晶体上加一个外磁场，外加磁场意味着给分子中原子以某种优先取向，目的是观察分子晶体 α- 碳上氢原子的宇称破坏而给出弱作用力相对长程效应的信息。

用量子磁强计 MPMS-5 测定了 D-Ala 和 L-Ala 单晶在 200K ～ 300K 直流磁化率行为。在外加 1000 高斯磁场下，首次监测出 D-Ala 和 L-Ala 分子显示不同的电子手性特征。根据萨拉姆等的电弱统一理论，由于分子中电子与原子核之间一般的宇称守恒电磁力趋向于使每一个电子运行轨道的轴线与其自旋的方向相反，这种现象称为自旋-轨道耦合。对于右旋分子的自旋-轨道耦合，有利于自旋向上的电子向下盘旋，自旋向下的分子向上盘旋。因此在 D-Ala 分子中，产生左旋分子占多数，其自旋方向与磁场一致，产生极化顺磁，随温度升高，质量磁化率 x_p 增大；而 L-Ala 分子，自旋-轨道耦合产生右旋分子占多数，自旋方向与磁场相反，产生定向顺磁，随温度升高，质量磁化率 x_p 减小。实验结果显示 D-Ala 和 L-Ala 单晶分子的电子手性密度特征。

萨拉姆相变假说最大的困扰是如何克服断开 C-H 的活化能位垒。我从理论上指出，由于组成人体蛋白质的氨基酸不论是单晶或在水溶液中，均以偶极离子存在，其 α-碳原子很容易失去一个质子而形成 α-负碳离子过渡态，杂化

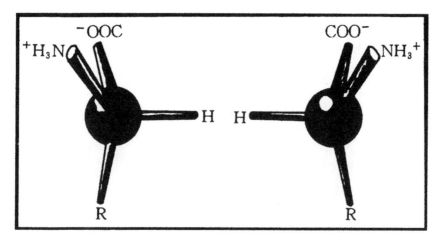

图 11　L- 氨基酸和 D- 氨基酸互为镜像

轨道由 sp^3 转化为 sp^2，构型由四面体转化为平面结构，质子可以从平面结构的两侧进攻负碳离子，从而实现 D 型向低能态 L 型转变的可能。

　　为了进一步验证电弱中性流宇称不守恒在镜像分子晶体 D-Ala 和 L-Ala（图 11）中的反映，中国科学院物理研究所刘玉龙研究组分别测定两种单晶在变温过程中的激光拉曼光谱，实验发现 D-Ala 拉曼谱在 2606 cm^{-1}、2724 cm^{-1} 两个峰（属于 αC–H 的二级谱线）在相变温度 270K 基本消失，而在 290K、100K 又会重复出现，但 L-Ala 无此现象。D-Ala 和 L-Ala 两种单晶分子在相变点表现不同的行为，给出宇称在氢原子中不守恒的信息。

（五）手性起源的其他学说

大自然里充满了各种各样有趣的现象，左旋和右旋就是这些现象之一。现代科学揭示，从原子到人类，自然界对手性特征是不对称的，在我们周围的世界里，通常显示出对其中一种手性的偏爱。比如牵牛花的藤总是向右转着往上长的，这种右旋，科学上叫顺时针方向；又如贝壳也有一种偏爱的螺旋性。人类在结构上也是手性的，心脏在左侧，肝脏在右侧。在功能上，右手相对于左手的优势是一种普遍现象，与种族和文化无关。

我们吃的糖，无论是甘蔗汁制的，还是甜菜汁制的，它们的分子都是右旋的。近年来，人工合成了左旋糖，但是说也奇怪，这种糖只有甜味，却不产生热量，原来我们身体里的代谢酶，只接受存在于自然界里的右旋糖。不过左旋糖也有它特殊的作用，正因为我们机体不能消化吸收它，而它又具有甜味，所以在制作低热的甜食，或应用于像糖尿病之类的病人时，就大有用处了。

在人体内，一切氨基酸分子都是左旋的，而淀粉的分子却都是右旋的，传递生物遗传信息的脱氧核糖核酸，它那巨大的分子有着盘梯一般的双螺旋形状，这种螺旋从底部到顶端，一路都是右旋。科学家发现了一种呈锯齿形的核酸，它却是左旋的。

科学研究表明，生物有一种不对称的趋向，比方说，我们大脑的两个半球，就是不对称的。这是不是也和构成机体的分子的左旋、右旋有关呢？右旋的氨基丙苯，要比左旋的强 10 倍；而作为对大脑有效的解痛剂吗啡，其分子却总是左旋的。

与手性起源密切相关的是生命究竟起源于地球还是起源于宇宙？地外起源论派对地球起源论怀疑的中心问题是，熵趋向于使分子形成消旋混合物。科学家们在地球上努力寻求一种物理力，用以对抗进化的力，以便能解释一种空间结构是如何变成占优势的。研究者实验了电场、磁场、重力场是否产生某种对映体过剩。Roger Hegstron 认为，物理学家应该将生物界的手性均一与自然界的基本作用力相联系。如被弱力控制的 β 衰变产生的电子或正电子，它们有固有的自旋，当它们沿（或逆）自旋轴方向运动时显示左旋（或右旋），是否由此引起电子辐射导致产生单一手性的生物分子。

玻纳提出新星的残体中子星，释放出含圆偏振光的辐射，这是一种顺（或逆）时针螺旋的电磁波，它可能造成宇宙中有机分子的一种对映体的过剩。格林伯格指出彗星是由含有机物的星际尘埃组成，他提供了在实验室模拟中子星圆偏振光获得手性色氨酸的证据，并认为如果彗星上发生过单一手性分子的浓集，就有可能找到生命起源的开端。此外对火星的探测以及对默奇逊陨石的分析，也期望找到地外存在手性分子的依据。

（六）生命老化的原因

年轻人的眼球是黑色的、明亮的，随着年龄增大，眼球变灰色、混浊。马斯特（Masters）报道，在人的眼球晶体核内的 D-天冬氨酸以每年 0.14% 积累，也就是说天冬氨酸由 L 变 D 的外消旋作用也是生命老化过程的一部分。因此，探索降低氨基酸外消旋速度的因素，抑制蛋白质的老化，对于延长人和哺乳动物寿命是有意义的。

日本东京市立医学综合研究所、老年综合研究所和九州大学合作研究了阿尔茨海默症病因。他们认为阿尔茨海默症是由于脑内 L 型氨基酸组成的物质中产生了 D 型氨基酸。他们对患者脑内淀粉状朊进行分析测定，发现患者脑内有 20% ～ 50% 的氨基酸是 D 型的。体外实验表明混有 D 型氨基酸的淀粉朊比 L 型的容易硬化，进而说明大脑功能与氨基酸手性密切相关。

（七）防大脑老化的奥秘

1962 年诺贝尔生理学或医学奖得主澳大利亚的艾克

尔斯（J. C. Eccles）曾预言"世界上多数的伟大科学家都将研究脑"。

人脑有 10^{11} 以上的脑细胞，通过 10^{14} 左右的突触，神经通路纵横交错，神经元及其纤维盘旋镶嵌，形成复杂的三维网络使脑能产生感觉，控制运动，使人们具有思维、认知、学习、记忆、行为等能力。揭开大脑的奥秘是当代人类面临的最大挑战。

爱因斯坦逝世后，他的大脑被细微研究并与 11 名 48 岁～80 岁的男子比较，发现爱因斯坦大脑的左右两个半球的前上和后下各 4 个切片，每个神经元周围的神经胶质细胞比一般人多。神经胶质细胞对神经元起营养和支持作用，说明爱因斯坦的神经元活动积极，需要更多的神经胶质细胞供给营养。爱因斯坦生前曾说他的成功，是由于像骡子一样的执拗。这说明一个伟人并不具备特殊的大脑，而仅仅在于长期坚持不懈地用脑。

（八）氨基酸地质年代学

氨基酸地质年代学是一门利用化石中氨基酸 D/L 比值测定年代的科学。其基本原理为：

当生命有机体死亡后，维持生命体内仅含 L-氨基酸的酶也同时失去活性。从此，L-氨基酸便开始缓慢地转化为 D- 氨基酸，开始了缓慢的外消旋作用，反应遵循一级可逆动力学规律。

外消旋程度（D/L）与时间的关系为：

$\ln[(1+D/L)/(1-D/L)]=2kt+c$。

式中，D/L 为化石中 D- 氨基酸和 L- 氨基酸，比值 k 为反应速度常数，t 为化石年龄，c 为常数。根据化石中 D/L 值和 k，可求得化石的年代。

采用地质化石中残余蛋白质的水解产物——氨基酸，试样用量 1 克～10 克，尤适用于珍贵的古人类化石，测定较宽，一般可用于测定第四世纪内的地质年龄。

1996 年 5 月 10 日，美国《科学》杂志就报道了利用氨基酸外消旋作用，测定天冬氨酸、丙氨酸和亮氨酸外消旋的 D/L 值来判断古代 DNA 在样品中留存的年代。

（九）分子计算机

计算机专家都承认，人的大脑是世界上最先进的超级计算机，因为它不仅能计算，而且能理解、操作、自我修理、思想和感觉。人脑是有机生物分子组成的极其复杂而有序的神经网络。分子电子学专家认为，我们能够利用生物分子——特别是蛋白质分子的一些特性来建造计算机组件，它将比任何电子装置更小、更快、功能更强。计算机芯片由开关阵列组成，随着通过它们的电压变化而在两种状态 0 与 1 之间转换。有两种状态的生物分子很多，如研究得最多的细菌视紫红蛋白，它可被光激活发生构象变化，代表 0、1 两种状态。氨基酸分子也有 D、L 态，我们的相变研究如果能控制 D、L 态转化，就可以使氨基酸分子成为未来分子计算机的开关。生物分子具有吸引力还在于它们能够一次加进一个原子基团，如 D-Ala、D-Val 两种氨基酸就具有类似特性。许多计算机科学家相信，如果以生物分子作为神经网络，做出人工智能的相连储存器是有希望的。

（十）氨基酸的手性和食品的辐照保鲜

手性分子的对映体除了有相反而等量的旋光度外，还具有截然不同的性质。例如天然 L-尼古丁有剧毒，而其对映体 D-尼古丁毒性极小；L-谷氨酸钠可作味精，但其对映体几乎无味。卡尔滕巴赫曾宣布，猪肉在高剂量 γ 辐照下会产生微量低毒的 D-丝氨酸。因此，研究手性起源，不仅对探索生命起源有意义，在辐照食品保鲜方面也有实际意义。

十四、生命科学新进展——克隆技术

20世纪自然科学研究中最重大的突破是1953年生物学家沃森与物理学家克里克，在晶体物理学家富兰克林与威尔金斯的X射线衍射图的启发下，在英国剑桥大学卡文迪许实验室成功地确定了遗传物质脱氧核糖核酸（DNA）的双螺旋结构。接着是基因三联体遗传密码的建立，使人们对生命本质的认识跃进到一个崭新的阶段。随着分子生物学理论和技术的发展，出现了基因工程，使人类开始进入一个按照自己需要改造与创新蛋白质分子和新的物种的时代。克隆技术的成功，使生命的诞生进入无性繁殖的时代。

（一）克隆绵羊"多莉"（Dolly）

1997年3月，英国罗斯林研究所的科学家用电流使细胞和未受精的卵子融合，培育出克隆绵羊。图12为英国罗斯林研究所的科学家采用无性繁殖技术培育出的一对母羊。两只克隆绵羊的出生和存活证明，生命可以不需要精子而产生，因而大批量繁殖动物就十分容易了。

1998年2月，罗斯林研究所培育出克隆绵羊"多莉"的伊恩·威尔穆特说，他用3年前死亡的一头成年羊的细胞核克隆出"多莉"，但是这只羊是已经受孕的。在怀孕

■ 图 12　克隆羊"多莉"

■ 图 13　伊恩·威尔穆特教授与多莉的合影

117

期，它的循环系统内有胚胎细胞存在，虽然他使用的不是胚胎细胞，但必须排除这种可能性。因此"多莉"是否是无性繁殖，尚未定论。

（二）携有人类基因的克隆羊"宝丽"（Polly）

英国科学家宣布他们已成功培育出携带着具有标记的人类基因的克隆羊"宝丽"，出生于 1997 年 7 月 9 日。他们期望"宝丽"生产的奶中，含有能治疗人类疾病的人类蛋白质。

"宝丽"培育的方法与"多莉"几乎完全相同，微小的差别是引进了具有标记的人类基因。先从一只宝尔·多瑟特羊体的一块组织上取出纤维细胞，在实验室中大量复制，然后将有标记的人类基因引入复制的纤维细胞中，选出理想的细胞，与苏格兰黑脸羊的卵细胞结

■ 图 14 携有人类基因的克隆羊宝丽（Polly）
（引自《科学》杂志，VOL.277，P.631，1997）

合，发育成胚胎，随后将胚胎植入另一只黑脸羊的体内发育，得到克隆羊宝丽。利用克隆技术培育出具有人类基因的动物还是首次，它比基因工程的成功率高。基因工程的成功率是 0.03%，培育多莉，用了 277 个胚胎。所以现在的克隆技术具有快速、大量培育变基因动物的潜力。

（三）克隆公牛"基因"

美国威斯康星州的一家生物技术公司宣布，他们没有使用成年动物细胞来克隆基因，而是用与培育多莉方法不

■ 图 15 克隆公牛"基因"

同的技术培育出一头公牛。这头公牛于 1997 年 2 月出生，毛色黑白相间，取名"基因"。公司总裁戴尔·施瓦茨说："基因不是由成年公牛的细胞克隆而成。我们有能力从公牛身上提取细胞，但我们在克隆基因时采取了特殊的科学技术。"

（四）无性繁殖与克隆人

人类正常的生育过程是：精子＋卵子→遗传物质相结合→受精卵→胚胎→婴儿。而克隆人的过程为：体细胞遗传物质→胚胎→婴儿。传统的人类正常的生育是有性繁殖，克隆人则是无性繁殖。正常生育出的婴儿由于基因的遗传和变异，即使是同胞兄弟，身高、个头、相貌也不相同，而克隆人产生的都是同一个人的复制品。传统生育离不开男性和女性，但克隆人的生育模式则完全不同，它不一定非要男性，也不需要精子，只要有体细胞核和去核卵子即可。单身女子可以取出乳腺细胞的核，移植到自己的去核卵子中形成重构卵，将重构卵移植到自己的输卵管中，就可怀孕，在子宫里发育成胎儿并分娩。这是一种自己生自己的生育模式。这不是神话，也不是天方夜谭，而是克隆人技术赋予的真实能力。

克隆人技术使来源于男子体细胞核的胚胎发育成男

孩，来源于女子体细胞核的胚胎发育成女孩。克隆人的生育模式给伦理学提出了许多解决不了的难题。例如同性恋者可以如法炮制，诞生婴儿；在一个有性别偏向的区域和国家，容易使人口性别比例失调；克隆人由于遗传物质全来源于"原版人"，器官移植没有排斥反应，将克隆人胎儿作为器官供体是否合乎人道；等等。这些伦理学问题引起了全世界各国政府首脑和科学家的关注，并且他们提出了禁止克隆人的实验。

（五）利用自身细胞培养移植器官

美国哈佛大学的两位医生探索成功一种器官移植的新途径，即利用动物自身的细胞来培养需要移植的器官，等这些器官长成后再将其移植到动物体内。这种方法最大的优点是能够克服目前器官移植遇到的一个最大难题——人体对外来组织的排斥反应。

器官移植是挽救患者生命的有效方法之一。然而，需要移植器官的人很多，而可供移植的器官却很有限。另外，目前器官移植手术中所用的器官要么来自其他捐献者，要么取自动物，手术后患者体内一般都会产生排斥反应。哈佛大学的安东尼·阿塔拉和达里奥·福萨两位医生找到了解决排斥反应的最好方法，那就是利用动物自身的细胞来培养需要移植的器官。现在，他们已用这种方法成功地为一只羊移植了膀胱和支气管，为一只老鼠移植了肾脏，为一只兔子移植了腿部肌肉。他们已经设计出了一套纠正婴儿先天性器官畸形的方法，该方法的主要步骤如下：

第一步，在怀孕三个半月后，用超声波检查胎儿的器官是否有先天性畸形。

第二步，在怀孕六个月前后，从胎儿畸形器官上取下豌豆大小的一块组织，同时用药物防止母亲提前分娩。

第三步，对取出的组织进行细胞分离，并在由蛋白和营养物质构成的培养液中进行培养。

第四步，用生物降解材料做成器官骨架，让培养成的组织在其上生长，直到长成所需的器官。

第五步，等婴儿出生后，将长成的器官移植进其体内。

以羊的膀胱移植为例：在小羊出生前，从其膀胱上取下一块组织，进行细胞分离和培养；用生物降解材料做成一杯形结构，让上皮细胞在杯形结构的里面生长，让肌肉细胞在外面生长；手术后六个星期，一个新的膀胱就长成了。长成的膀胱移植进出生后的小羊体内后功能正常。

据两位医生介绍，从器官上取下的组织在培养液中生长速度极快，一块 $1cm^2$ 大小的组织在两个月内就可长到两个足球场那么大！

十五、人类基因

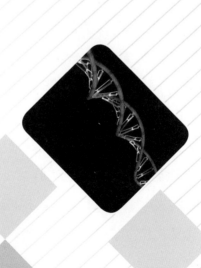

（一）人类基因图谱

1996 年 10 月，首幅大型人类基因图谱发表于《科学》杂志，来自世界各地的科学家共同绘出一张包含人类 1/5 基因地址的图谱。这是人类第一次获得真正的人类基因图谱，绘出了已经解析的 1.6 万个基因染色体所在的位置。

1997 年 3 月，多国科学家小组宣布绘出一个迄今最完整的人类基因图谱，这对查找遗传基因疾病，如阿尔茨海默病、侏儒症、结肠癌、糖尿病、精神病等带来革命性变化，研究人员如果要在一个特殊位置寻找一个基因，只要接通计算机网址，输入标志，就可以得到各区可供选择的基因。互联网络地址可使人们观看 DNA，并获得疾病方面的信息。如果点出一幅与侏儒症有关的基因图（图 16），就可调出其信息和描述；如果点出一幅与大脑功能有关的基因图（图 17），就可调出阿尔茨海默病的信息和描述。

以上说明记录所有生物体（包括人）一生的确定性，它们的遗传性的程序是由从 4 个可能的碱基中任取 3 个，构成的 64 个密码子的基因所控制，这是自有生命以来最伟大和最重要的发现，并对具有互相联系的整个世界具有极为深远的意义。

在古老的阿米希
部落流行的六个
手指侏儒症，源
自基因染色体的
位置

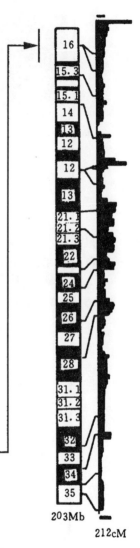

C.D. 埃尔赫脱，巴尔的
摩，马里兰

■ 图16 侏儒症基因图谱

（引自《科学》杂志，Vol.274P.488,1996）

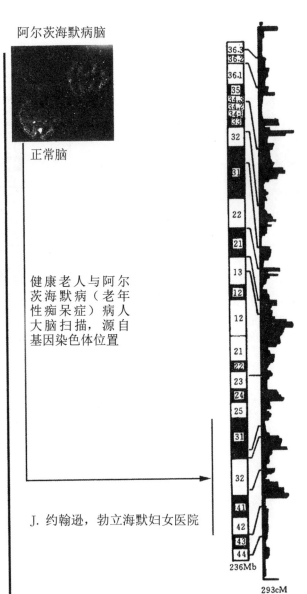

阿尔茨海默病脑

正常脑

图17 阿尔茨海默病基因图谱

健康老人与阿尔茨海默病（老年性痴呆症）病人大脑扫描，源自基因染色体位置

J. 约翰逊，勃立海默妇女医院

（引自《科学》VOL. 274 P. 488, 1996）

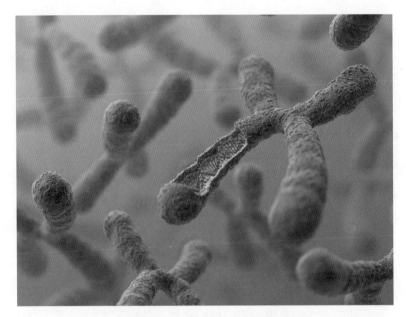

■ 图 18　染色体的 3D 模拟图

（二）人工合成生命的序幕——首次合成人体染色体

人体染色体由三种基本类型的 DNA 组成：

（1）负责编码可遗传基因信息的 DNA。

（2）染色体的端粒（即重复 DNA 序列长链），位于染色体的管尖，呈帽盖状，保护 DNA 免受单个染色体缠绕，造成遗传信息混乱。

（3）染色体的着丝点，提供一个物理支架，使细胞分裂时原始染色体能分裂出复制的染色体。着丝点由许多较短的 DNA 序列重复构成，常形成染色体中部附近独特的纽结。

　　美国俄亥俄州克里夫兰市，亨廷顿·威拉德科研组将 alpha-statellite 的 DNA 的许多碱基单位连在一起，首次制成人工着丝点。将三种成分导入人工培养癌细胞中，癌细胞自动将外源物质装配到染色体内。他们在一个克隆细胞系里测出一个完全由外源物质组成的人工染色体。这个染色体与原来的人体染色体一起被传递给所有的子细胞。他们认为这证明了人工染色体具有人体染色体的正常功能，并具有可遗传的特性。这一实验揭开了人工合成生命形式的序幕，有助于解释人体染色体的活动机制，并能提供一种安全的载体，将 DNA 输送到接受基因治疗的病人体内。

（三）细胞的全能性——动物、植物、肿瘤细胞带有该生物的全套基因

　　由于动物、植物、肿瘤细胞带有该生物的全套基因，这些细胞具有遗传上的全能性，一旦条件合适，就能从一个细胞发育成一个完整的个体。所以中国古代神话中三头六臂的哪吒，三只眼的杨戬，孙悟空抓一把猴毛变成一群小猴，从基因的角度上讲都是合理的。因为猴毛由皮肤演化，具有细胞结构，细胞又有猴子的全套遗传信息，所以

一把猴毛可以变成一群猴子。当然基因表达必须有一个严格的精密的调节机制，才能使生物体得以生存和发展，否则就要乱套了。

（四）细胞有多大？

人体卵细胞的直径约为200μm，神经细胞的直径约为100μm，人的红细胞的直径约为7μm，白细胞的直径为3μm～4μm。

人体内细胞多数体积在200μm³～1500μm³之间。肾、肝细胞在牛、马、小鼠中大小差不多。器官大小与细胞的数量成正比，而与细胞大小无关。这种关系称为"细胞体积的守恒定律"。

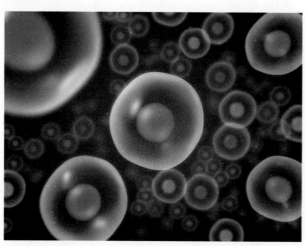

■ 图19 显微镜下的人体细胞

（五）人的 DNA 怎样装到染色体上？

人的 DNA 约有 30 亿个碱基对，高等动物的 DNA 有 3×10^9 个碱基对，可以决定 100 个氨基酸，核酸储存信息量如此之大，就不难理解生物的多样性了。人的染色体 DNA 伸展开来有 1.7m 长，它是怎样装进小小的细胞核里去的呢？研究证明染色体是由一种叫核小体的基本单位组成，核小体又是由 DNA 盘绕在组蛋白小球外面构成。DNA 盘绕在组蛋白球上形成核小体，使 DNA 长度压缩到原来的 1/7，每 6 个核小体又盘成一圈，形成直径为 2500nm 的螺旋，又压缩到原来的 1/6。这些螺旋再盘成一些空心管子，又压缩到原来的 1/40，最后形成染色体再压缩到原来的 1/5。经过四级压缩，DNA 长度为其原长的 1/8000 左右，就可以包进细胞核了。这样基因都被装在了染色体上。

（六）遗传信息贮存在细胞核中

细胞核是细胞的基因库，所有真核细胞都有细胞核，占细胞体积的 1/10。染色体由 DNA 和蛋白质组成，是遗传信息贮藏所，并进行 DNA 复制。遗传的秘密在细胞核内，是什么道理使子女和父母酷似呢？父母给子女的是遗传信息，信息贮存在 DNA 上，DNA 存在于细胞核的染色体中。染色体由许多纤维组成，人类细胞核中有 46 条这种纤维，这 46 条染色体 DNA 的总长为 2 m，包含 5.8×10^9 个核苷酸对。为了让信息传递下去，需要对 DNA 进行复制，先令氢键断开，两条链松开分离，然后各自作为形成新链的模板，根据碱基配对原理，复制出另一条新链。这样，一条 DNA 双螺旋便生成了两条完全一样的 DNA 双螺旋。

生物体的每一个细胞都具有同样的或基本相同的遗传物质，而且含有发育为完整有机体或分化为任何细胞所必需的全部基因。在合适的条件下，每个细胞都能产生一个完整的有机体。无性生殖的基础就是细胞具有足以表达整个生命的核酸序列。

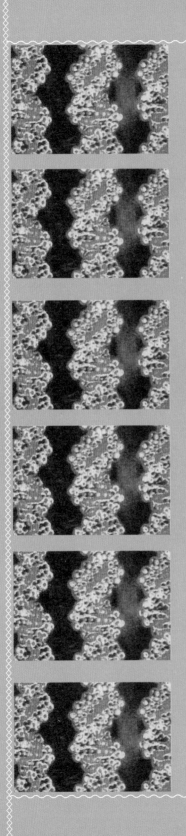

十六、疯牛病和朊病毒

疯牛病是一种神经元海绵状退化疾病，受感染的牛经过一定的潜伏期后发病。死后的尸体解剖表明牛脑内灰质呈海绵状，神经元大量丧失，并有淀粉变性斑增生。曾经在英国爆发的疯牛病造成了大量的经济损失，引起西欧各国恐慌。许多国家宣布禁止进口英国牛肉，英国宰杀了大批病牛（图20）。1997 年 3 月 30 日，英国卫生大臣多雷尔宣布，英国发现有 10 人染上了类似疯牛病的脑病（克雅氏症），但这种脑病是否真的和疯牛病有关，科学界还存在争议。

　　美国生物学家普鲁西内尔（Stanley B. Prusiner）因发现引起疯牛病的朊病毒而获得 1997 年诺贝尔生理学或医学奖。图 21 左是人类正常蛋白分子的电脑

■ 图 20　大量焚烧疯牛病牛肉

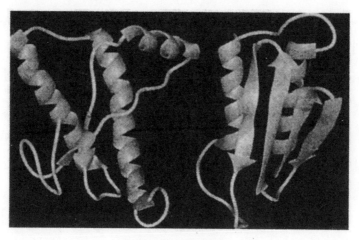

■ 图 21 朊病毒

图像，图 21 右为会引起疯牛病的不正常蛋白的模型。

1972 年，普鲁西内尔提出引起动物和人（比较少见）的中枢神经系统变性疾病的传染性因子可能是蛋白质。人们对此产生怀疑，认为是左道邪说。生物学的教条认为传染性疾病的传播因子必须具有 DNA 或 RNA 组成的遗传物质，才能在宿主体内感染，即使最简单的微生物中病毒也要靠核酸的指令合成为存活和繁殖所必需的蛋白质。

通过对患疯牛病的牛死后脑解剖病理组织分析结果表明，牛脑灰质中有与羊痒病（Scrapie）相关的原纤维存在，感染因子含于其中。普鲁西内尔在 1982 年将感染因子命名为朊病毒（Prion），它是一种蛋白感染颗粒，是一种抗蛋白酶作用的糖蛋白（P_rP）。它具有病毒的特征，但很多使病毒失活的方法、试剂都对它无效。它与病毒的区别在于它比病毒更小，不含核酸，不会在患病体中诱发产生抗体。这种致病的蛋白粒子 P_rP^{sc}，是正常蛋白质 P_rP 的突变异构体。

P_rP^c 是一种由 253 个～254 个氨基酸组成的 33KDa～37KDa 的正常蛋白质，存在于脑组织。由 20 号染色体一个基因表达。P_rP^{sc} 与诱发疾病有关的一种内源性 P_rP 形似。二者有同样的一级氨基酸序列、相同的化学性质，但 P_rP^{sc} 难溶，对蛋白酶的抵抗力更强。它们之间的差别是构象不同。英国的格里夫和普鲁西内尔提出过杂二聚机制，认为从 P_rP^c 单体分子慢慢改变构象形成 P_rP^{sc} 单体分子，中间经过 P_rP^c-P_rP^{sc} 杂二聚物，然后再变成 P_rP^c-P_rP^{sc}。这个二聚物解离又释放出 P_rP^{sc}，因此复制下去。

Prion 感染蛋白中的主要组成 P_rP^{sc}，它并不含核酸，却能进行自我复制，这种史无前例的自我复制模式甚至引发了一种联想，Prion 感染蛋白是否是一种神秘的生命形式，是否需要对生命重新下定义？Prion 感染蛋白是否可能是分子和微生物间在进化过程中的一个桥梁？这是研究生命起源和化学进化的科学家们极感兴趣的问题。

十七、生命科学与诺贝尔奖

1910 年，德国科学家埃尔伯格·克赛尔（Albrecht Kossel 1853—1927）因为蛋白质、细胞及细胞核化学的研究而获得诺贝尔生理学或医学奖。他首先分离出腺嘌呤、胸腺嘧啶、胸腺核苷酸和组氨酸。

1959 年，美籍西班牙裔科学家奥乔亚（Severo Uchoa，1905—1993）因发现细菌的多核苷酸磷酸化酶从而成功地合成了核糖核酸，研究并重建了将基因内的遗传信息通过 RNA 中间体而翻译成蛋白质的过程。他和科恩伯格（Arthur Kornberg，1918—2007）分享了当年的诺贝尔生理学或医学奖，而后者的主要贡献在于发现了 DNA 分子在细菌细胞及试管内的复制。

1962 年，美国科学家沃森（James D.Watson，1926— ）和英国人克里克（Francis H.C.Crick，1916—2004）因为在 1953 年提出了 DNA 的反向平行双螺旋结构而与威尔金斯（Maurice Wilkins，1916—2004）共享诺贝尔生理学或医学奖。

同年，英国科学家肯德鲁（1917—1997）和佩鲁兹（1914—2002）由于测定了肌红蛋白和血红蛋白的高级结

该章引自朱玉贤《分子生物学研究进展》，北京大学出版社，1997。

构而荣获诺贝尔化学奖。

1965年，法国科学家雅各布（1920—2013）和莫诺（1910—1976）由于提出并证实了操纵子（Operon）作为调节细菌细胞的代谢机制而与衣沃夫（1902—1994）分享了诺贝尔生理学或医学奖。除了著名的操纵子模型外，雅各布与莫诺还首次提出存在一种与染色体脱氧核糖核酸序列相互补、能将编码在染色体DNA上的遗传信息带到蛋白质合成场所并翻译成蛋白质的信使核糖核酸，即mRNA分子。他们这一学说对分子生物学的发展起了极其重要的指导作用。

1969年，美国科学家尼伦伯格（1927—2010）由于在破译DNA遗传密码方面的贡献，与霍利（Robert W. Holly，1922— ）和科拉纳（1922—2011）等人分享了诺贝尔生理学或医学奖。霍利的主要贡献在于阐明了酵母丙氨酸（tRNA）的核苷酸排列顺序，并证实所有酵母丙氨酸具备结构上的相似性。科拉纳第一个合成了核酸分子，并且人工复制了酵母基因。

1975年，美国人特明和巴尔的摩由于发现在RNA肿瘤病毒中存在以RNA为模板，逆转录生成DNA的逆转录酶而共享诺贝尔生理学或医学奖。

1980年，桑格（1918—2013）因设计出一种测定DNA

分子内核苷酸排列顺序的方法，而与吉尔伯特和伯格分享诺贝尔生理学或医学奖。伯格是研究 DNA 重组技术的元老，他最早（1972 年）获得了含有编码哺乳动物激素基因的工程菌株。桑格与吉尔伯特发明的 DNA 序列分析法至今仍被广泛使用，成为分子生物学中最重要的工具之一。此外，桑格还由于测定了牛胰岛素的一级结构而获得 1958 年的诺贝尔化学奖。

1984 年，科拉乌、梅尔斯坦和乔恩由于发展单克隆抗体技术，完善了极微量蛋白质的测定技术而分享了诺贝尔生理学或医学奖。

1988 年，美国遗传学家麦克林托克（Barban M.Clintock，1902— ）由于在 50 年代提出并发现了可移动的遗传因子而获得诺贝尔生理学或医学奖。

1989 年，美国科学家艾尔麦恩和塞克由于发现某些 RNA 具有酶的功能（称为核酶）而共享诺贝尔化学奖。加州大学三藩分校的毕肖和华默斯由于发现正常细胞同样带有原癌基因而分享当年的诺贝尔生理学或医学奖。

1993 年，美国科学家罗伯特和夏普由于他们在断裂基因方面的工作而荣获诺贝尔生理学或医学奖。美国科学家缪里斯由于发现 PCR 扩增仪而与第一个设计基因定点突变的史密斯共享诺贝尔化学奖。

1994 年，美国科学家吉尔曼和罗特皮尔由于发现了 G 蛋白在细胞内信息传导中的作用分享了诺贝尔生理学或医学奖。

　　1997 年，美国生物学家普鲁西内尔因发现引起疯牛病的朊病毒而获得诺贝尔生理学或医学奖。

　　此外，埃弗里等人关于致病力强的光滑型（S 型）肺炎链球菌 DNA 导致致病力弱的粗糙型（R 型）细菌发生遗传转化的实验，默赛森和斯塔尔关于 DNA 半保留复制的实验，克里克所提出的遗传信息传递规律，雅诺斯基和勃兰诺关于遗传密码三联体的设想都对分子生物学的发展起了重大作用，被永远载入史册，成为这个学科发展的里程碑。

　　1998 年，美国科学家罗伯·佛契哥特、路易斯·路伊格纳洛和费瑞·慕拉德因发现了"一氧化氮在心血管系统中起信号分子作用（For their discoveries concerning nitric oxide as a signaling molecule in the cardiovascular system）"而获得了诺贝尔生理学或医学奖。

　　1999 年，诺贝尔生理学或医学奖授给君特·布洛贝尔博士，以表彰其在"蛋白质具有内在信号分子活性，能够调节其在细胞内的转运和定位"研究上的卓越成就。"布洛贝尔的贡献将大大促进对作为'蛋白质'工厂的细胞的有效作用，有助于开发生产对人类至关重要的新药。""比如原发性过草酸尿是一种遗传病，可以引发早年肾结石，它和囊性纤维变性等遗传病都是由蛋白质不能传输到位而引起的。"

2000 年，诺贝尔生理学或医学奖授予瑞典科学家阿尔维德·卡尔松、美国科学家保罗·格林加德以及埃里克·坎德尔，以表彰他们在"人类脑神经细胞间信号的相互传递"方面获得的重要发现。人的大脑中有上千亿个神经细胞，神经细胞间的信息传递，通过不同的化学传送物质来完成。信号转导主要发生在被称为突触的特殊部位。三位科学家正是因在神经细胞间特殊的信号转导形式——慢突触传递上所做的开创性工作，而荣获该年度的诺贝尔生理学或医学奖。

2001 年，诺贝尔生理学或医学奖授予三位英美科学家：美国科学家雷兰德·哈特韦尔、英国科学家保罗·诺斯和蒂莫西·亨特。三位科学家在有关调控细胞循环周期的研究中有重要发现，他们确认了控制包括植物、动物和人类真核细胞在内的主要分子。这一基本发现对于全面了解细胞的生长过程具有重要的意义，多数生物医学研究课题将因之受益，并会在许多不同的领域得到应用。这一发现证明了细胞循环调控出现缺陷时可能导致的染色体改编以及可能最终导致癌细胞的生存，因此这在研究癌症诊断方面开创了新的方向。

同年诺贝尔化学奖奖金的一半授予美国科学家威廉·诺尔斯与日本科学家野依良治，以表彰他们在"手性催化氢化反应"领域所做出的贡献；奖金另一半授予美国科学家巴里·夏普莱斯，以表彰他在"手性催化氢氧化反应"领域所取得的成就。

2002年，诺贝尔生理学或医学奖授予了英国科学家悉尼·布雷内、美国科学家罗伯特·霍维茨和英国科学家约翰·苏尔斯顿，以表彰他们发现了在器官发育和"程序性细胞死亡"过程中的基因规则。"程序性细胞死亡"是细胞的一种生理学、主动性的"自觉自杀行为"，这些细胞死得有规律，似乎是按编好了的"程序"进行的，犹如秋天片片树叶的凋落，所以这种细胞死亡又称为"细胞凋亡"。

2003年，诺贝尔生理学或医学奖授予美国科学家保罗·劳特布尔和英国科学家彼得·曼斯菲尔德，以表彰他们在核磁共振成像（MRI）技术领域的突破性成就。他们的成就是医学诊断和研究领域的重大成果。

同年诺贝尔化学奖授予美国科学家彼得·阿格雷和罗德里克·麦金农，分别表彰他们发现细胞膜水通道，以及对离子通道结构和机理研究做出的开创性贡献。水通道蛋白主要负责水分子在细胞膜内外的转运，一些通透性较好的水通道蛋白也可以让甘油、尿素等小分子物质通过。

2004 年，两位美国科学家理查德·阿克塞尔和琳达·巴克，因探明了人类嗅觉的真谛而获得诺贝尔生理学或医学奖。

同年诺贝尔化学奖授予以色列科学家阿龙·切哈诺沃、阿夫拉姆·赫什科和美国科学家欧文·罗斯，以表彰他们发现了细胞是如何摧毁有害蛋白质的（泛素调节的蛋白质降解）。"泛素调节的蛋白质降解"方面的知识将有助于攻克子宫颈癌和囊肿性纤维化等疑难疾病。

2005 年，诺贝尔生理学或医学奖授予澳大利亚科学家巴里·马歇尔和罗宾·沃伦，以表彰他们发现了导致胃炎和胃溃疡的细菌。沃伦和马歇尔发现的这种细菌被定名为幽门螺杆菌。在马歇尔和沃伦发现这种细菌之前，医学界认为正常胃里细菌是不能存活的。1979 年根据活组织切片检查结果，沃伦发现 50% 左右的病人的胃腔下半部分附生着许多微小的、弯曲状的细菌，即幽门螺杆菌。马歇尔和沃伦认为，幽门螺杆菌是导致胃炎、十二指肠溃疡和胃溃疡的关键因素。发现这种细菌，使胃炎、十二指肠溃疡和胃溃疡的诊断治疗变得极其简单。目前科学家正在研究幽门螺杆菌与胃癌和一些淋巴肿瘤发病之间的联系。

2006 年，诺贝尔生理学或医学奖授予安德鲁·菲尔和克雷格·梅洛，以表彰他们发现了"RNA 干扰机制——双链 RNA 沉默基因"。他们首次将双链 RNA 导入线虫基因中，并发现双链 RNA 较单链 RNA 更能高效地特异性阻隔相应基因的表达，他们称这种现象为 RNA 干扰。他们的这一发现也促进后来的科学家认识到，生物体的基因转化的最终产物不仅仅是蛋白质，还包括相当一部分 RNA。

同年诺贝尔化学奖授予美国科学家罗杰·科恩伯格，以奖励他在"真核转录的分子基础"研究领域做出的贡献。科恩伯格成为第一个成功地将脱氧核糖核酸（DNA）的复制过程捕捉下来的科学家。基因中遗传信息的转录和复制是地球上所有生物生存和发展的必然经历的过程，科恩伯格教授有关真核转录的研究第一次将基因的这一转录过程细致地描述出来，使了解基因的转录过程成为可能。

2007 年，诺贝尔奖评审委员会向该年诺贝尔生理学或医学奖的三位得主，美国科学家马里奥·卡佩奇、奥利弗·史密斯和英国的马丁·埃文斯颁发诺贝尔奖，以表彰他们在干细胞研究方面所做的工作。

三位科学家改进了基因敲除技术，并在涉及胚胎干细胞和哺乳动物 DNA 重组方面取得了一系列突破性发现。这项在老鼠身上进行的"基因打靶"技术，极大地影响了人类对疾病的认识，已被广泛应用在几乎所有生物医学领域。

2008 年，诺贝尔生理学或医学奖揭晓，德、法两国的三位科学家分享该奖项。德国癌症研究中心的科学家 Haraldzur Hausen 因发现人类乳突淋瘤病毒（HPV）导致子宫颈癌而获奖；法国两位科学家，巴基德研究所病毒学系逆转录病毒感染调控小组的 Francoise Barré-Sinoussi 和巴黎世界艾滋病研究与预防基金会的 Luc Montagnier 因发现人类免疫缺陷病毒（HIV）而获奖。

2009 年，诺贝尔生理学或医学奖在瑞典卡罗林斯卡医学院揭晓，美国加利福尼亚旧金山大学的伊丽莎白·布莱克本、美国巴尔的摩约翰·霍普金斯医学院的卡罗尔·格雷德和美国哈佛医学院的杰克·绍斯塔克获得该奖，以表彰他们发现了瑞粒和瑞粒酶保护染色体的机理。

同年，诺贝尔化学奖奖励的是美国的 Venkatraman Ramakrishnan、Thomas A. Steitz 和以色列的 Ada E. Yonath 对生命一个核心过程的研究——核糖体将 DNA 信息"翻译"成生命。核糖体制造蛋白质，控制着所有活的有机体内的化学反应。因为核糖体对于生命至关重要，所以它们也是新抗生素的一个主要靶标。

2010 年，诺贝尔生理学或医学奖揭晓，英国科学家罗伯特·爱德华兹因发展体外受精疗法（IVF）获奖。他的贡献使治疗不育症成为可能，包括全球超过 10% 的夫妇在内的人类因此受益匪浅。到目前为止，因为 IVF 而得以出生的人大约有四百万，他们中的许多人现在已成年，有的甚至已为人父母了。在罗伯特·爱德华兹的引领下，对 IVF 疗法的研究获得了许多重要的发现，一门新的医学领域也由此诞生。他的贡献代表着现代医学史上的一座里程碑。

2011 年，诺贝尔生理学或医学奖由美国科学家布鲁斯·博伊特勒、法国科学家朱尔斯·霍夫曼和加拿大科学家拉尔夫·斯坦曼分享，以表彰他们在免疫学领域取得的研究成果。美国国家过敏和传染病研究所所长安东尼·福奇说，这三位科学家的发现为驱使人体自身细胞和免疫进程来阻止传染病、自体免疫紊乱、过敏、癌症和器官移植排异提供了可能性，他们的贡献已经并仍将产生深远的影响。

2012 年，瑞典卡罗林斯卡医学院宣布，将诺贝尔生理学或医学奖授予英国科学家约翰·古尔和日本医学教授山中伸弥，以表彰他们在"体细胞重编程技术"领域做出的革命性贡献。所谓体细胞重编程，即将成年体细胞重新诱导回早期干细胞的状态，以用于形成各种类型的细胞，应用于临床医学。

同年美国科学家罗伯特·莱夫科维茨和布莱恩·克比尔卡因"G蛋白偶联受体研究"获得诺贝尔化学奖。G蛋白是一类可以与生物小分子GDP或GTP结合，具有特征性GTP酶活性的蛋白质。在动物体内，最重要的一类是"三聚体G蛋白"——也就是1994年诺贝尔生理学或医学奖的故事。这类G蛋白是生物体内信息传递的重要媒介，可以接受上游信息，并把这些信息传递给下游的诸如腺苷酸环化酶、磷脂酶C等效应器，产生多种第二信使，并通过级联放大最终产生各种生理效应。

2013年，诺贝尔生理学或医学奖授予美国科学家詹姆斯·E. 罗斯曼和兰迪·W. 谢克曼以及德国科学家托马斯·C. 苏德霍夫，以表彰他们发现细胞内部囊泡运输调控机制。谢克曼发现了能控制细胞传输系统不同方面的三类基因，从基因层面上为了解细胞中囊泡运输的严格管理机制提供了新线索；罗斯曼20世纪90年代发现了一种蛋白质复合物，可令囊泡基座与其目标细胞膜融合；基于前两位美国科学家的研究，苏德霍夫发现并解释了囊泡如何在指令下精准地释放出内部物质，揭示了细胞如何在准确的时间将其内部物质传输至准确的位置，揭示出细胞生理学的一个基本过程。

2014年，由诺贝尔委员会宣布，英国科学家John O.

Keefe，挪威一对夫妇 MayBritt Moser 和 Edward Moser
获得当年诺贝尔生理学或医学奖，奖励他们在"发现了
大脑中形成定位系统的细胞"方面所做的贡献。John O.
Keefe 认为这些是"定位细胞"，他们形成了房间的地图。
MayBritt Moser 和 Edward Moser 夫妇发现大脑定制机制
的另外一项关键组成部分——"网格细胞"。

2015 年度诺贝尔生理学或医学奖已经宣布，其奖金
的一半授予威廉·坎贝尔和大村智，以表彰他们在创新蛔
虫疗法方面的贡献；另一半授予屠呦呦，以表彰她在治疗
疟疾方面的贡献。

同年诺贝尔化学奖授予 Tomas Lindahl、Paul
Modrich 和 Aziz Sancar 三位科学家，因为他们从分子水
平上揭示了细胞是如何修复损伤的 DNA 以及保护遗传信息
的。他们的研究工作为我们了解活体细胞是如何工作提供
了最基本的认识，并有助于很多实际应用，比如新癌症疗
法的开发。

2016 年，诺贝尔生理学或医学奖授予日本分子细胞
生物学家大隅良典，以表彰他发现了细胞自噬的机制。
细胞自噬在质量控制中起基础作用并维持了细胞能量的稳
态。一些研究表明，自噬与细胞衰老密切相关，参与蛋白
酶和自噬相关调节的 BAG 蛋白家族中 BAG3/BAG1 比值在复

制性衰老时增高，且 BAG3 在细胞衰老时能介导自噬的激活。研究还发现在 Ras 诱导的细胞衰老进程中也可观察到较高的自噬活性。其次是包括帕金森症在内的一些神经退行性疾病，2013 年的一项研究就指出一种与细胞自噬作用相关的基因若出现异常，会导致一种罕见的脑病。这种罕见脑病被称作"伴随成人期神经退行性变形的儿童期静态脑病（SENDA）"，患者大脑萎缩并伴随认知障碍。

同年诺贝尔化学奖在瑞典皇家科学院揭晓，让·皮埃尔·索维奇，J. 弗雷泽·斯托达特爵士和伯纳德·L. 费林加三位科学家分享该奖，以表彰他们在"合成分子机器"方面的研究。分子机器，指由分子尺度的物质构成、能行使某种加工功能的机器，其构件主要是蛋白质等生物分子。因其尺寸多为纳米级，又称生物纳米机器，具有小尺寸、多样性、自指导、有机组成、自组装、准确高效、分子柔性、自适应、仅依靠化学能或热能驱动、分子调剂等其他人造机器难以比拟的性能，因此研究生物纳米机器具有重大意义。

关于生命起源的国际会议

1957　莫斯科，苏联

1963　瓦库拉斯普林斯，佛罗里达

1970　蓬塔穆松，法国

1973　巴塞罗那，西班牙

1977　京都，日本

1980　耶路撒冷，以色列

1983　美因茨，德国

1986　柏克利，美国

1989　布拉格，捷克

1993　巴塞罗那，西班牙

1996　奥尔良，法国

1999　圣地亚哥，美国

2002　瓦哈卡市，墨西哥

2005　北京，中国

2008　佛罗伦萨，意大利

2011　蒙彼利埃，法国

2014　奈良，日本

2017　圣地亚哥，美国

结束语

物理学与生物学的不同之处在于，物理学的结果可以用力、深刻而常常是违反直觉的普遍原理来表示。生物学中没有相当于相对论、量子电动力学、电弱统一、电弱中性流宇称不守恒那样的理论。生物学有它自己的定律，例如孟德尔遗传定律，但它们只是广泛的概括，而且存在许多例外。人们相信在宇宙各处的物理定律是相同的。但是生物学可能不是这样，它是受自然选择、进化而来的，那些在物理学家看来没有希望解决的复杂过程，却可能是自然界中最简单的过程，因为自然界的发展只能建立在已有的事物的基础之上。

科学的进步总是和我们的宇宙观及我们对自然界的观测之间有着相互密切的影响，前者只能从后者中推演出来，而后者也有可能被前者极大地制约着。在我们对自然的探索中，我们的概念和我们对自然界的观测之间相互影响，例如，以前的细胞生物学认为一个细胞核内所含有的遗传信息是有一定限度的，现在才发现一个小小的细胞核却包含了人体的全部基因，自然界却以巧妙的四级螺旋包绕、盘曲、折叠，将人体 DNA 分子压缩到原来的 $1/10000 \sim 1/8400$，包含到染色体中，因而能实现无性繁殖。这些隐蔽的性质往往是通过根本改变我们有关支配自然现象的原理的基本概念后才发现的。观念和观测的相互影响和促进，是使科学进步值得记取的经验，电弱中性流宇称不守恒与生物分子手性起源的联系也可能这样。

科学总是寻求发现和了解客观世界的新现象，研究和掌握新规律，总是不懈地追求真理。本书的目的就是为了传播科学的精神、科学的思想，对青少年读者进行新的科学启蒙和科学教育，希望他们成长为自身的主宰。